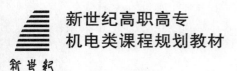

新世纪高职高专
机电类课程规划教材

数控编程与加工技术
（实训篇）（第二版）

新世纪高职高专教材编审委员会 组编
主　编　侯勇强　马雪峰
副主编　王占平　杨宗高　李玲莉
主　审　周云曦

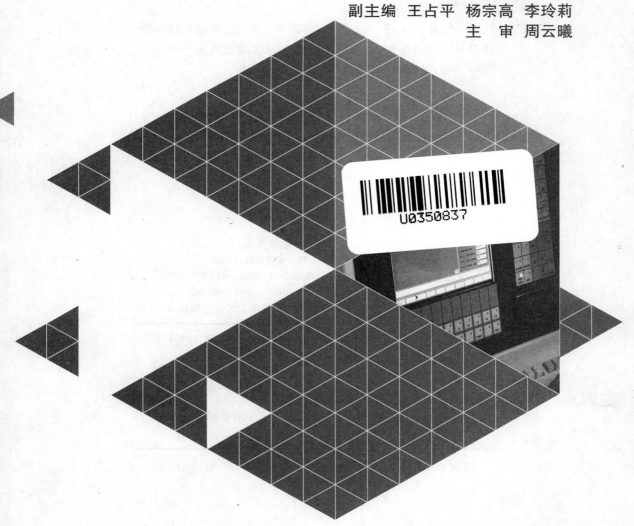

大连理工大学出版社

图书在版编目(CIP)数据

数控编程与加工技术．实训篇 / 侯勇强，马雪峰主
编．—2版．— 大连：大连理工大学出版社，2007.7
(2016.1重印)
新世纪高职高专机电类课程规划教材
ISBN 978-7-5611-2910-4

Ⅰ．①数⋯　Ⅱ．①侯⋯ ②马⋯　Ⅲ．①数控机床—程
序设计—高等学校：技术学校—教材　②数控机床—加工—
高等学校：技术学校—教材　Ⅳ．①TG659

中国版本图书馆 CIP 数据核字(2007)第 106874 号

大连理工大学出版社出版
地址：大连市软件园路 80 号　邮政编码：116023
发行：0411-84708842　邮购：0411-84708943　传真：0411-84701466
E-mail：dutp@dutp.cn　URL：http://www.dutp.cn
大连理工印刷有限公司印刷　　　　大连理工大学出版社发行

幅面尺寸：185mm×260mm　　印张：9.5　　字数：201 千字
印数：42001～43000
2004 年 10 月第 1 版　　　　　　　2007 年 7 月第 2 版
2016 年 1 月第 12 次印刷

责任编辑：赵晓艳　　　　　　　　责任校对：周　敏
封面设计：张　莹

ISBN 978-7-5611-2910-4　　　　　　定　价：22.00 元

总　序

我们已经进入了一个新的充满机遇与挑战的时代,我们已经跨入了21世纪的门槛。

20世纪与21世纪之交的中国,高等教育体制正经历着一场缓慢而深刻的革命,我们正在对传统的普通高等教育的培养目标与社会发展的现实需要不相适应的现状作历史性的反思与变革的尝试。

20世纪最后的几年里,高等职业教育的迅速崛起,是影响高等教育体制变革的一件大事。在短短的几年时间里,普通中专教育、普通高专教育全面转轨,以高等职业教育为主导的各种形式的培养应用型人才的教育发展到与普通高等教育等量齐观的地步,其来势之迅猛,发人深思。

无论是正在缓慢变革着的普通高等教育,还是迅速推进着的培养应用型人才的高职教育,都向我们提出了一个同样的严肃问题:中国的高等教育为谁服务,是为教育发展自身,还是为包括教育在内的大千社会? 答案肯定而且惟一,那就是教育也置身其中的现实社会。

由此又引发出高等教育的目的问题。既然教育必须服务于社会,它就必须按照不同领域的社会需要来完成自己的教育过程。换言之,教育资源必须按照社会划分的各个专业(行业)领域(岗位群)的需要实施配置,这就是我们长期以来明乎其理而疏于力行的学以致用问题,这就是我们长期以来未能给予足够关注的教育目的问题。

如所周知,整个社会由其发展所需要的不同部门构成,包括公共管理部门如国家机构、基础建设部门如教育研究机构和各种实业部门如工业部门、商业部门,等等。每一个部门又可作更为具体的划分,直至同它所需要的各种专门人才相对应。教育如果不能按照实际需要完成各种专门人才培养的目标,就不能很好地完成社会分工所赋予它的使命,而教育作为社会分工的一种独立存在就应受到质疑(在市场经济条件下尤其如此)。可以断言,按照社会的各种不同需要培养各种直接有用人才,是教育体制变革的终极目的。

新世纪

随着教育体制变革的进一步深入,高等院校的设置是否会同社会对人才类型的不同需要一一对应,我们姑且不论。但高等教育走应用型人才培养的道路和走研究型(也是一种特殊应用)人才培养的道路,学生们根据自己的偏好各取所需,始终是一个理性运行的社会状态下高等教育正常发展的途径。

高等职业教育的崛起,既是高等教育体制变革的结果,也是高等教育体制变革的一个阶段性表征。它的进一步发展,必将极大地推进中国教育体制变革的进程。作为一种应用型人才培养的教育,它从专科层次起步,进而应用本科教育、应用硕士教育、应用博士教育……当应用型人才培养的渠道贯通之时,也许就是我们迎接中国教育体制变革的成功之日。从这一意义上说,高等职业教育的崛起,正是在为必然会取得最后成功的教育体制变革奠基。

高等职业教育还刚刚开始自己发展道路的探索过程,它要全面达到应用型人才培养的正常理性发展状态,直至可以和现存的(同时也正处在变革分化过程中的)研究型人才培养的教育并驾齐驱,还需要假以时日;还需要政府教育主管部门的大力推进,需要人才需求市场的进一步完善发育,尤其需要高职教学单位及其直接相关部门肯于做长期的坚忍不拔的努力。新世纪高职高专教材编审委员会就是由全国100余所高职高专院校和出版单位组成的旨在以推动高职高专教材建设来推进高等职业教育这一变革过程的联盟共同体。

在宏观层面上,这个联盟始终会以推动高职高专教材的特色建设为己任,始终会从高职高专教学单位实际教学需要出发,以其对高职教育发展的前瞻性的总体把握,以其纵览全国高职高专教材市场需求的广阔视野,以其创新的理念与创新的运作模式,通过不断深化的教材建设过程,总结高职高专教学成果,探索高职高专教材建设规律。

在微观层面上,我们将充分依托众多高职高专院校联盟的互补优势和丰裕的人才资源优势,从每一个专业领域、每一种教材入手,突破传统的片面追求理论体系严整性的意识限制,努力凸现高职教育职业能力培养的本质特征,在不断构建特色教材建设体系的过程中,逐步形成自己的品牌优势。

新世纪高职高专教材编审委员会在推进高职高专教材建设事业的过程中,始终得到了各级教育主管部门以及各相关院校相关部门的热忱支持和积极参与,对此我们谨致深深谢意,也希望一切关注、参与高职教育发展的同道朋友,在共同推动高职教育发展、进而推动高等教育体制变革的进程中,和我们携手并肩,共同担负起这一具有开拓性挑战意义的历史重任。

新世纪高职高专教材编审委员会

2001 年 8 月 18 日

第二版前言

《数控编程与加工技术(实训篇)》(第二版)是新世纪高职高专教材编委会组编的机电类课程规划教材之一,也是《数控编程与加工技术(基础篇)》(第二版)的配套教材。

数控技术作为制造业实现自动化、柔性化、集成化生产的基础,是制造业提高产品质量和生产效率的重要手段,数控技术的应用水平更是体现国家综合国力的重要标志。专家们预言:21 世纪机械制造业的竞争,在某种程度上是数控技术的竞争。随着制造设备的大规模数控化,企业急需一大批数控编程、数控设备操作及其维修人员。

数控技术是实用性极强的技术。数控技术人才一方面要具备综合基础知识,另一方面要有解决实际问题的能力。因此,加强数控机床操作的实验和实践,成为培养数控技术人才的重要环节。为了适应数控技术教学和人才培养的需求,我们于 2004 年组织编写了《数控编程与加工技术》教材,随着数控技术的发展,迫切需要对原版教材进行革新,我们于 2006 年开始对第一版教材进行改编并引入新数控系统,删减了第一版教材中的重复内容。新版的内容力求紧跟数控机床加工技术发展的步伐,从职业分析入手,以编程技术应用能力和机床操作岗位工作技能为支撑,明确对该课程专业核心能力——数控机床操作技能的培养。

本教材作为高职高专教育的教学改革教材,以职业岗位要求的知识、技能为基本出发点,以数控加工工种为模块,以不同系统数控机床的使用为单元,进行教材的编写和教学。为解决数控机床使用过程中的编程与操作问题,介绍目前使用范围较广的配置 FANUC 0i、SIEMENS

新世纪

802D 和华中世纪星 HNC-21 数控系统的数控机床应用,着重探讨机床的操作过程、步骤和操作方法等知识,全书按照操作界面介绍、基本操作步骤和综合应用等顺序进行介绍,并给出相应的示例,每章后附有练习题。本教材中的各个章节具有其相对独立性,同时教材中的知识又具有系统性、完整性和可实施性。

本教材主要供高职高专院校和技师学院机械、模具、数控类专业开展数控机床应用教学与实践使用,也可供从事数控加工的工艺技术人员使用。本教材在内容上力求通俗易懂、具有实际指导意义。全书共分 4 章,主要内容有数控机床安全文明生产、数控车床操作实训、数控铣床与加工中心操作实训、数控线切割机床操作实训,书后附有附录。

本教材由侯勇强、马雪峰任主编,王占平、杨宗高、李玲莉任副主编。具体编写分工如下:侯勇强编写第 1 章、附录;马雪峰编写第 2.2 节;王占平编写第 3 章;杨宗高编写第 4 章;李玲莉编写第 2.1 节,全书由侯勇强老师组稿和统稿。常州机电职业技术学院周云曦老师审阅了全书并提出了许多宝贵的意见,在此表示感谢。本书在编写过程中参阅了国内外同行有关的资料、文献和教材,得到了许多专家和同行的支持与帮助,在此表示衷心的谢意!

由于编者的水平和时间有限,书中难免有错误和不妥之处,敬请读者批评指正。

所有意见和建议请发往:dutpgz@163.com

欢迎访问我们的网站:http://www.dutpbook.com

联系电话:0411-84706676　84707424

编　者

2007 年 7 月

第一版前言

《数控编程与加工技术（实训篇）》是新世纪高职教材编审委员会组编的机电类课程规划教材之一，本教材是《数控编程与加工技术（基础篇）》的配套教材。

当前，数控加工技术的快速发展和广泛应用，极大地推动了制造业水平的提高。随着数控机床拥有量的不断提高，社会培养一大批能够掌握现代数控机床编程、操作和维护的应用型高级技术人才，是高职教育肩负的历史重任。为了适应我国高等职业教育发展及数控应用型人才培养的需要，我们组织编写了这本教材。

本教材从实际出发，根据我国高等职业教育的教学要求，坚持理论"必须够用为度"，强化实训教学和动手能力的培养，以数控车床、数控铣床、加工中心和数控线切割机床的应用为目的。根据各高职院校教学实训设备及工厂生产设备的情况，本教材在数控系统的选型上主要介绍了日本FANUC数控系统、德国SIEMENS数控系统和国产华中世纪星数控系统的特点、操作方法和具体应用，着重培养学生的各种加工操作能力，适应不同工厂的具体要求；在内容上主要介绍了数控车床、数控铣床、加工中心和电火花线切割机床的功能特点、操作方法和具体应用，并通过典型的加工实例来培养学生的动手能力和操作技术。

本教材由贾建军、侯勇强任主编，马雪峰、张树江任副主编，高志贤、丁岩、付桂环参加了部分章节的编写。具体编写分工如下：贾建军编写第1章的1.3节，第2章的2.1节、2.3节、2.4节；侯勇强编写第3章的3.4节；第4章由侯勇强、付桂环共同编写；马雪峰编写第1章的1.1节、1.2节、1.4节、第3章的3.1～3.3节、第5章；高志贤

新世纪

编写第2章的2.2节;丁岩编写第3章的3.5节;张树江参加了部分内容的编写。本教材由贾建军老师组稿,贾建军老师和侯勇强老师共同定稿。齐齐哈尔大学职业技术学院吴子敬老师、渤海船舶职业学院张丽华老师审阅了全书并提出了许多宝贵的意见和建议,在此谨致谢忱。

尽管我们在探索《数控编程与加工技术(实训篇)》的教材建设的特色方面做出了很多努力,但教材中的错误和不足之处在所难免,恳请各相关教学单位和读者在使用本教材的过程中给予关注并多提一些宝贵的意见和建议。

所有意见和建议请发往:dutpgz@163.com

欢迎访问我们的网站:http://www.dutpbook.com

联系电话:0411-84706676　84707424

编　者

2004 年 10 月

目 录

第1章

数控机床安全和文明生产

本章概要：本章讲述了数控机床的文明生产和安全生产规程，介绍了数控机床操作规程和日常保养与维护，数控系统的日常维护，数控机床操作工职业技能鉴定标准等。主要内容包括：数控机床安全生产规程；数控机床操作规程和日常保养与维护；数控机床操作工职业技能鉴定标准等。

1.1 数控机床安全生产规程

1.1.1 对数控机床操作人员的要求

数控加工是一种先进的加工方法，所以对数控机床操作人员有很高的要求。表 1-1 提出了数控机床操作人员应具备的能力和素质。

表 1-1 数控机床操作人员应具备的能力和素质

生产应知应会	编程应知应会	个人素质
● 能读懂加工图样 ● 基本数学运算 ● 机械加工工艺 ● 键盘与机床操作面板使用 ● 维护保养机床 ● 零件安装与调整 ● 刀具安装与调整 ● 测量工具选择与使用 ● 尺寸修正 ● 零件材料知识 ● 安全生产与操作	● 加工工艺过程 ● 正确选择与使用刀具 ● 数学运算 ● 手工编程	● 责任心 ● 严格认真的态度 ● 勇于承担任务 ● 独立工作能力 ● 与人共事协作能力

1.1.2 数控机床文明生产的要求

数控机床文明生产的要求如下：

(1)数控机床的使用环境要避免强光的直接照射和其他热辐射，要避免太潮湿或粉尘过多的场所，特别要避免有腐蚀气体的场所。

(2)为了避免电源不稳定给电子元件造成损坏，数控机床应采取专线供电或设稳压装置。

(3)数控机床的开机、关机顺序,一定要按照数控机床说明书的规定操作。

(4)主轴启动开始切削之前一定要关好防护罩门,程序正常运行中严禁打开防护罩门。

(5)机床在正常运行时不允许打开电器柜的门,禁止按动"急停"、"复位"按钮。

(6)机床发生事故,操作者要注意保留现场,并向维修人员如实说明事故发生前后的情况,以利于分析问题,查找事故原因。

(7)数控机床的使用一定要有专门人员负责,严禁其他人员随意动用数控设备。

(8)要认真填写数控机床的工作日志,做好交接工作,消除事故隐患。

(9)不得随意更改数控系统内制造厂家设定的参数。并且应做好备份。

1.2　数控机床操作规程

1.2.1　数控机床一般操作规程

为了正确合理地使用数控机床,保证机床正常运转,必须制定比较完整的操作规程,通常应做到:

1.操作者必须经过考试合格,持有该机床的《设备操作证》方可操作机床。

2.工作前认真做到:

(1)仔细阅读交接班记录,了解上一班机床的运转情况和存在的问题。

(2)检查机床、工作台、导轨以及各主要滑动面,如有障碍物、工具、铁屑、杂质等,必须清理,擦拭干净后上油。

(3)检查工作台、导轨及主要滑动面有无新的拉、研、碰伤,如有应通知班组长或设备员一起查看,并做好记录。

(4)检查安全防护、制动(止动)、限位和换向等装置是否齐全完好。

(5)检查机械、液压、气动等操作手柄、阀门、开关等应处于非工作的位置上。

(6)检查各刀架应处于非工作位置。

(7)检查电器配电箱应关闭牢靠,电气接地良好。

(8)检查润滑系统储油部位的油量应符合规定,封闭良好。油标、油窗、油杯、油嘴、油线、油毡、油管和分油器等应齐全完好,安装正确。按润滑指示图表规定人工加油或用机动(手位)泵打油,查看油窗是否来油。

(9)停车一个班次以上的机床,应按说明书规定及液体静压装置使用规定的开车程序和要求做空转试车3~5分钟。检查:

①操纵手柄、阀门、开关等是否灵活、准确、可靠。

②安全防护、制动(止动)、联锁、夹紧机构等装置是否起作用。

③校对机构运动是否有足够行程,调正并固定限位、定程挡铁和换向碰块等。

④由机动泵或手拉泵润滑的部位是否有油,润滑是否良好。

⑤机械、液压、静压、气动、靠模、仿形等装置的动作、工作循环、温升、声音等是否正

常。压力(液压、气压)是否符合规定。确认一切正常后,方可开始工作。

凡连班交接班的设备,交接班人应一起按上述9条规定进行检查,待接班人员清楚后,交班人方可离去。凡隔班交接班的设备,如发现上一班有严重违犯操作规程的现象,必须通知班组长或设备员一起查看,并做好记录,否则按本班违反操作规程处理。

在设备检修或调整之后,也必须按上述9条规定详细检查设备,确认一切无误后方可开始工作。

3. 工作中认真做到:

(1)坚守岗位,精心操作,不做与工作无关的事。因事离开机床时要停车,关闭电源、气源。

(2)按工艺规定进行加工。不准任意加大进刀量、磨削量和切(磨)削速度。不准超规范、超负荷、超重量使用机床。不准精机粗用和大机小用。

(3)刀具、工件应装夹正确、紧固牢靠。装卸时不得碰伤机床。找正刀具、工件不准用重锤敲打。不准用加长扳手柄增加力矩的方法紧固刀具、工件。

(4)不准在机床主轴锥孔、尾座套筒锥孔及其他工具安装孔内,安装与其锥度或孔径不符、表面有刻痕和不清洁的顶尖、刀具、刀套等。

(5)传动及进给机构的机械变速、刀具与工件的装夹、找正以及工件的工序间的人工测量等均应在切削、磨削终止、刀具、磨具退离工件后停车进行。

(6)应保持刀具、磨具的锋利,如变钝或崩裂应及时磨锋或更换。

(7)切削、磨削中,刀具、磨具未离开工件时,不准停车。

(8)不准擅自拆卸机床上的安全防护装置,缺少安全防护装置的机床不准工作。

(9)液压系统除节流阀外其他液压阀不准私自调整。

(10)机床上特别是导轨面和工作台面,不准直接放置工具、工件及其他杂物。

(11)经常清除机床上的铁屑、油污,保持导轨面、滑动面、转动面、定位基准面和工作台面清洁。

(12)密切注意机床运转情况、润滑情况,如发现动作失灵、震动、发热、爬行、噪音、异味、碰伤等异常现象,应立即停车检查,排除故障后,方可继续工作。

(13)机床发生事故时应立即按急停按钮,保持事故现场,报告有关部门分析处理。

(14)不准在机床上焊接和补焊工件。

4. 工作后认真做到:

(1)将机械、液压、气动等操作手柄、阀门、开关等扳到非工作位置上。

(2)停止机床运转,切断电源、气源。

(3)清除铁屑,清扫工作现场,认真擦净机床。在导轨面、转动面及滑动面、定位基准面、工作台面等处加油保养。

(4)认真将班中发现的机床问题,填到交接班记录本上,做好交班工作。

1.2.2　数控车床的安全操作规程

为了正确合理地使用数控车床,保证正常运转,必须制定比较完整的数控车床操作规程,通常应做到如下几点:

(1)操作人员必须熟悉机床使用说明书等有关资料。如:主要技术参数、传动原理、主要结构、润滑部位及维护保养等一般知识。

(2)开机前应对机床进行全面细致的检查,确认无误后方可操作。

(3)机床通电后,检查各开关、按钮和按键是否正常、灵活,机床有无异常现象。

(4)检查电压、油压是否正常,有手动润滑的部位要先进行手动润滑。

(5)各坐标轴手动回零(机械原点)。

(6)程序输入后,应仔细核对代码、地址、数值、正负号、小数点及语法。

(7)正确测量和计算工件坐标系,并对所得结果进行检查。

(8)输入工件坐标系,并对坐标、坐标值、正负号及小数点进行认真校对。

(9)未装工件前,空运行一次程序,看程序能否顺利运行,刀具和夹具安装是否合理,有无超程现象。

(10)无论是首次加工的零件,还是周期性重复加工的零件,首件都必须对照图纸、工艺规程、加工程序和刀具调整卡,进行试切。

(11)试切时快速进给倍率开关必须打到较低挡位。

(12)每把刀首次使用时,必须先验证它的实际长度与所给刀具补偿值是否相符。

(13)试切进刀时,在刀具运行至工件表面处 30 mm～50 mm 处,必须在进给保持下,验证 Z 轴和 X 轴坐标剩余值与加工程序是否一致。

(14)试切和加工中,刃磨刀具和更换刀具后,要重新测量刀具位置并修改刀具补偿值和刀具补偿号。

(15)程序修改后,对修改部分要仔细核对。

(16)手动进给连续操作时,必须检查各种开关所选择的位置是否正确,运动方向是否正确,然后再进行操作。

(17)必须在确认工件夹紧后才能启动机床,严禁工件转动时测量、触摸工件。

(18)操作中出现工件跳动、打抖、异常声音、夹具松动等异常情况时必须立即停车处理。

(19)加工完毕,清理机床。

1.2.3 数控铣床、加工中心操作规程

为了正确合理地使用数控铣床、加工中心,保证机床正常运转,必须制定比较完整的数控铣床、加工中心操作规程,通常应做到如下几点:

(1)机床通电后,检查各开关、按钮和按键是否正常、灵活,机床有无异常现象。

(2)检查电压、气压、油压是否正常,有手动润滑的部位要先进行手动润滑。

(3)各坐标轴手动回零(机床参考点),若某轴在回零前已在零位,必须先将该轴移动离零点一段距离后,再手动回零。

(4)在进行工作台回转交换时,台面上、护罩上、导轨上不得有异物。机床空运转达15分钟以上,使机床达到热平衡状态。

(5)程序输入后,应认真核对,保证无误,其中包括对代码、指令、地址、数值、正负号、小数点及语法的查对。

(6)按工艺规程找正夹具。

(7)正确测量和计算工件坐标系,并对所得结果进行验证和演算。

(8)将工件坐标系输入到偏置页面,并对坐标、坐标值、正负号、小数点进行认真核对。

(9)未安装工件之前,空运行一次程序,看程序能否顺利执行,刀具长度选取和夹具安装是否合理,有无超程现象。

(10)刀具补偿值(刀长、半径)输入刀偏值后,要对刀具补偿号、补偿值、正负号、小数点进行认真核对。

(11)装夹工具时要注意螺钉压板是否妨碍刀具运动,检查零件毛坯和尺寸超长现象。

(12)检查各刀头的安装方向及各刀具旋转方向是否合乎程序要求。

(13)查看刀杆前后部位的形状和尺寸是否合乎程序要求。

(14)镗刀头尾部露出刀杆直径部分,必须小于刀尖露出刀杆直径部分。

(15)检查每把刀柄在主轴孔中是否都能拉紧。

(16)无论是首次加工的零件,还是周期性重复加工的零件,首件都必须对照图样工艺、程序和刀具调整卡,进行逐段程序的试切。

(17)单段试切时,快速进给倍率开关必须打到最低挡。

(18)每把刀首次使用时,必须先验证它的实际长度与所给刀具补偿值是否相符。

(19)在程序运行中,要观察数控系统上的坐标显示,可了解目前刀具运动点在机床坐标系及工件坐标系中的位置。了解程序段的位移量,还剩余多少位移量等。

(20)程序运行中也要观察数控系统上的工作寄存器和缓冲器显示,查看正在执行的程序段各状态指令和下一个程序段的内容。

(21)在程序运行过程中,要重点观察数控系统上主程序和子程序的运行情况,了解正在执行的程序段的具体内容。

(22)试切进刀时,在刀具运行至距离工件表面 30 mm～50 mm 处,必须在进给保持下,验证 Z 轴剩余坐标值和 X、Y 轴坐标值与图样是否一致。

(23)对一些有试刀要求的刀具,采用"渐近"方法。如镗一小段长度,检测合格后,再镗到整个长度。对刀具半径补偿等的刀具参数,可由小到大,边试边修改。

(24)试切和加工中,刃磨刀具和更换刀具后,一定要重新测量刀长并修改好刀具补偿值和刀具补偿号。

(25)程序检索时应注意光标所指位置是否合理、准确,并观察刀具和机床与运动方向坐标是否正确。

(26)程序修改后,对修改部分一定要仔细计算和认真核对。

(27)手摇进给和手动连续进给操作时,必须检查各种开关所选择的位置是否正确,弄清正、负方向和倍率,然后再进行操作。

(28)整批零件加工完成后,应核对刀具号、刀具补偿值,使程序、偏置页面、调整卡及工艺中的刀具号、刀具补偿值完全一致。

(29)从刀库中卸下刀具,按调整卡或程序整理,编号入库。

(30)卸下夹具,某些夹具应记录安装位置及方位,并做好记录、存档。

(31)清扫机床并将各坐标轴停在中间位置。

1.3 数控机床保养与维护

数控机床的日常维护保养应严格按照机床使用说明书进行,若说明书中未写入此内容,应立即向制造厂索取,并签订补充协议。用户不按照制造厂的保养规定对机床定期进行维护保养,一方面会使机床故障频发,影响正常使用;另一方面在要求免费维修时,会造成纠纷。下面推荐一些维护保养的做法。

1.3.1 数控车床日常维护及保养

数控车床日常维护及保养要点见表1-2。

表 1-2   数控车床的维护及保养要点

维护保养部位	维护保养内容与方法
接通电源前每日维护保养:	
切削液、液压油、润滑油的油量	检查是否充足,应及时添加
工作前准备	检查工具、检测仪器等是否已准备好
切屑处理	切屑槽内的切屑是否已清理干净
接通电源后每日维护保养:	
指示灯、按钮、开关	检查操作盘上的各指示灯是否正常,按钮、开关是否处于正确位置
报警信息	显示屏上是否有任何报警显示,若有问题应及时予以处理
液压装置的压力	是否指示在所要求的范围内
控制箱的冷却风扇	是否正常运转
刀具检查	是否正确夹紧在刀具上,刀夹与回转刀台是否可靠夹紧,刀具是否有磨损
机床附件	检查附件调整是否合适
机床运转后每日维护保养:	
异常现象	主轴、滑板处是否有异常噪声,有无与平常不同的异常现象,如声音、温度、裂纹、气味等
月检查要点:	
主轴的运转情况	主轴以最高转速一半左右的转速旋转30分钟,用手触摸壳体部分,若感觉温和即为正常,以此了解主轴轴承的工作情况
X、Z轴的滚珠丝杠	检查 X 轴、Z 轴的滚珠丝杠,若有污垢,应清理干净;若表面干燥,应涂润滑脂
限位开关、急停开关	检查 X 轴、Z 轴超程限位开关、各急停开关是否动作正常,可用手按压行程开关的滑动轮,若有超程报警显示,说明限位开关正常,顺便将各接近开关擦拭干净
刀台或刀架	检查刀台或刀架的回转头、中心锥齿轮的润滑状态是否良好,齿面是否有伤痕等
导轨或导套	检查是否有裂纹、毛刺,是否积存切屑
液压装置	检查工作状态、液压管路是否有损坏,各管接头是否松动或有漏油现象等

维护保养部位	维护保养内容与方法
半年检查要点：	
主轴检查	(1)主轴孔的振摆将千分表探头嵌入卡盘套筒的内壁,然后轻轻地将主轴旋转一周,指针的摆动量小于出厂时精度检查表的允许值即可 (2)主轴传动用 V 带的张力及磨损情况 (3)编码盘用同步带的张力及磨损情况
刀台或刀架	主要看换刀时其换位动作的平顺性以及刀台或刀架夹紧、松开时无冲击为好
加工装置	(1)检查主轴分度,用齿轮系的间隙以规定的分度位置,沿回转方向摇动主轴,以检查其间隙,若间隙过大应进行调整 (2)检查刀具主轴驱动电动机侧的齿轮润滑状态,若表面干燥应涂润滑脂
润滑泵的检查	检查润滑泵装置浮子开关的动作状况,可从润滑泵装置中抽出润滑油,看浮子落至警戒线以下时,是否有报警指示,以判断浮子开关的好坏
伺服电动机的检查	检查直流伺服系统的直流电动机,若换向器表面脏,应用白布蘸酒精予以清洗;若表面粗糙,用细金相砂纸予以修整;若电刷长度为 10 mm 以下时,予以更换
接插件的检查	检查各插头、插座、电缆、各继电器的触点是否接触良好,检查各印制电路板是否干净,检查主电源变压器、各电动机的绝缘电阻应在 1MΩ 以上
断电检查	检查断电后保存机床参数、工作程序的后备电池的电压值,看情况予以更换

1.3.2　数控铣床、加工中心的日常维护保养

数控铣床、加工中心的日常维护及保养要点见表 1-3。

表 1-3　　　　　　数控铣床、加工中心的日常维护及保养要点

维护保养部位	维护保养内容与方法
每日维护保养：	
清理	从工作台、基座等处清除污物和灰尘,擦去机床表面的润滑油、切削液和切屑,清除没有罩盖的滑动表面上的一切东西,擦净丝杠的暴露部位
开关检查	清理、检查所有限位开关、接近开关及其周围表面
润滑检查	检查各润滑油箱及主轴润滑油箱的油面,使其保持在合理的油面上
刀具位置检查	确认各刀具在其应有的位置上
液压、气压系统检查	确保空气滤杯内的水完全排出,检查液压泵的压力是否符合要求,机床主液压系统是否漏油,清理管内及切削液槽内的切屑等脏物
显示	显示屏上是否有任何报警显示,若有问题应及时予以处理,操作面板上所有指示灯为正常显示
工作状态	检查各坐标轴是否处在原点上,检查主轴端面、刀夹及其他配件是否有毛刺、裂纹或损坏现象
月检查要点：	
清理	清理电气控制箱内部,使其保持干净;清洗空气滤网,必要时予以更换;清理导轨滑动面上的刮垢板;检查液压箱内的滤油器,必要时予以清洗

（续表）

维护保养部位	维护保养内容与方法
检查	检查液压装置、管路及接头，确保无松动、无磨损；检查各电磁阀、行程开关、接近开关，确保它们能正常工作；检查各电缆及接线端子是否接触良好；检查各联锁装置、时间继电器、继电器能否正常工作，必要时予以修理或更换，检查数控装置能否正常工作
调整	校准工作台及床身基准的水平，必要时调整垫铁，拧紧螺母
半年检查要点：	
清理	清理电气控制箱内部，使其保持干净
检查	检查各电动机轴承是否有噪声，必要时予以更换；检查机床的各有关精度；所有电气部件及继电器等是否可靠工作(外观检查)；检查各伺服电动机的电刷及换向器的表面，必要时予以修整或更换
调整	更换液压装置内的液压油及润滑装置内的润滑油；测量各进给轴的反向间隙，必要时予以调整或进行补偿；检查一个试验程序的完整运转情况

第2章

数控车床操作实训

本章概要：本章讲述了数控车床的编程与加工操作方法，介绍了配装 FANUC 0i、SIEMENS 802D和华中世纪星 HNC-21T 数控系统的数控车床的操作面板、数控系统的基本功能和指令系统，结合典型零件数控车床的加工工艺特点进行分析，通过实例进行数控车床编程与加工训练。主要内容包括：三种数控车床操作面板及基本操作介绍，数控车床加工实例和操作过程等。

2.1　数控车床基本操作

2.1.1　工件的安装

装夹工件的主要要求是工件位置准确，装夹牢固，保证加工质量。为了满足各种车削工艺及不同零件的要求，车床上常配备一些附件装夹工件。

1.三爪定心卡盘

三爪定心卡盘是车床上应用最广泛的通用夹具，如图 2-1 所示，适用于装夹圆形和正六边形截面的短工件。在使用过程中，能自动定心，装夹方便迅速，但定心精度不高，一般误差为 0.05 mm～0.15 mm。其定心精度受卡盘本身制造精度和使用后磨损程度的影响，故工件上同轴度要求较高的表面，应尽可能在一次装夹中车出。卡爪的行程范围在10 mm～100 mm 之间（工件过长需要用顶尖）。

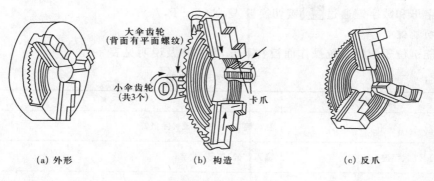

大伞齿轮
（背面有平面螺纹）

小伞齿轮
（共3个）

卡爪

(a) 外形　　　　　　(b) 构造　　　　　　(c) 反爪

图 2-1　三爪定心卡盘

2. 四爪单动卡盘

四爪单动卡盘的结构如图 2-2 所示,4 个单动卡爪用扳手分别调整,因此适用于装夹方形、椭圆形等偏心或不规则形状的工件。四爪单动卡盘的夹紧力大,也可用于夹持尺寸较大的圆形工件。

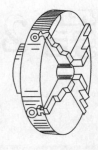

四爪单动卡盘夹持工件时,可根据工件的加工精度要求,进行划线找正,将工件调整至所需的加工位置,但精确找正很费时间,精度较低时用划针盘找正,精度高时可用百分表成千分表找正。

图 2-2 四爪单动卡盘的结构

2.1.2 FANUC 0i-T 系统数控车床的认识与基本操作

一、FANUC 0i-T 数控系统操作面板的认识与基本操作

1. 数控系统操作面板与各键功能

数控系统操作面板是国内统一的标准面板,其各个功能在其他类型的数控车床上是一样的,大体分数字/字母键区、功能键区及显示区,如图 2-3 所示。

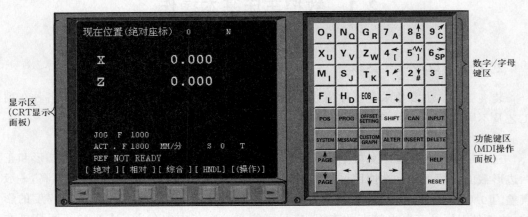

图 2-3 FANUC 0i-T 数控系统操作面板

数字/字母键用于输入数据到输入区域(如图 2-3 所示),系统自动判别取字母还是取数字。字母和数字键通过 SHIFT 键切换输入,如:O－P,7－A。

2. 功能键

功能键位于数控系统操作面板右下方,其名称及说明见表 2-1。

表 2-1   功能键名称及说明

名 称	说 明
RESET 键	复位键,CNC 复位或解除报警
字母、符号、数字键	输入字母、符号、数字
INPUT 键	用于非 EDIT 状态下的各种数据输入

（续表）

名　称	说　明
PAGE↓、PAGE↑ 键	翻页键，↓CRT 画面向前转换，↑CRT 画面向后转换
POS 键	显示当前位置坐标
PROG 键	显示程序的内容
OFFSET SETTING 键	显示或输入刀具偏置量和磨损值
SYSTEM 键	显示系统参数页面
MESSAGE 键	显示报警和用户提示信息
CUSTOM GRAPH 键	显示图形参数设置页面
ALTER 键	编程时更改已输入的数据
INSERT 键	编程时插入数据
DELETE 键	编程时删除已输入的程序段及在 CNC 中存在的程序
CAN 键	取消前次操作
EOB E 键	回车换行键,结束一行程序的输入并且换行

3. 数控车床操作面板按钮及功能介绍

数控车床操作面板如图 2-4 所示,按钮名称及功能见表 2-2。

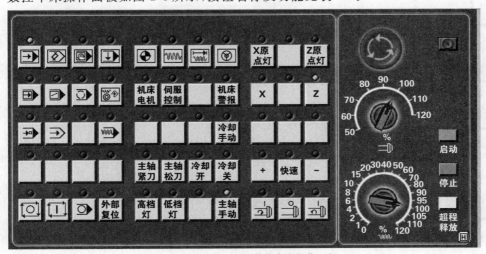

图 2-4　FANUC 0i-T 数控车床操作面板

表 2-2   按钮名称及功能

按钮名称	功　能
 □→□ AUTO	自动加工模式
 □◇□ EDIT	编辑模式
 □▣□ MDI	手动数据输入
 □↦□ INC	增量进给
 □⊕□ HND	手轮模式移动机床
 □ᔕ□ JOG	手动模式,手动连续移动机床
 □◉□ REF	回参考点
 □Ⅰ□ 循环启动	模式选择旋钮在"AUTO"和"MDI"位置时按下有效,其余时间按下无效
 □○□ 程序运行暂时停止	在程序运行中,按下此按钮暂时停止程序运行
 □↺□	手动主轴正转
 □↻□	手动主轴反转
 □○□	手动停止主轴
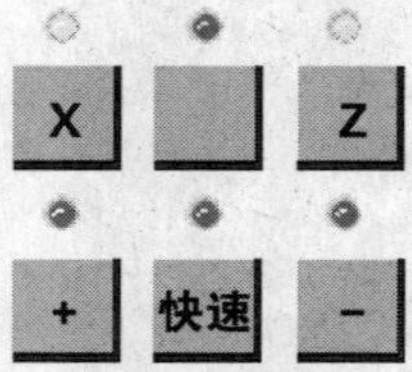 ○ ● ○ **X** **Z** ○ ● ● **+** **快速** **−** 手动移动机床各轴按钮	
 ● ● ● ● **X1** **X10** **X100** **X1000** 增量进给倍率选择按钮	选择移动机床轴时,每一步的距离×1 为 0.001 mm,×10 为 0.01 mm,×100 为 0.1 mm,×1000 为 1 mm

(续表)

名　称	说　明
 进给倍率（F）调节旋钮	调节程序运行中的进给速度,调节范围为 0～120%
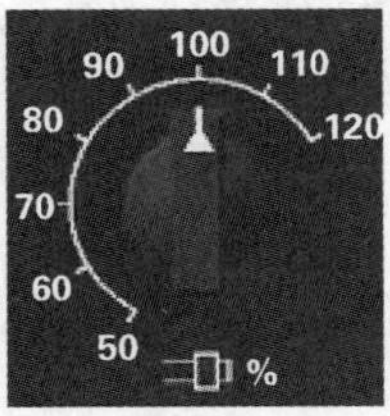 主轴转速倍率调节旋钮	对设定主轴转速进行修调,调节范围为 50%～120%
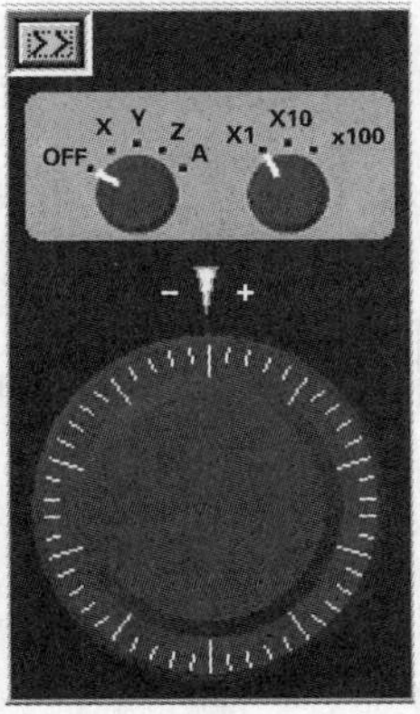 手持单元(也称手轮或手摇脉冲发生器)	常用螺旋软线与车床操作面板相连,便于对刀、找正工件。手轮可使车床定量进给。上方左侧旋钮用于轴选择,右侧旋钮用于步距选择,即手轮 1 格对应的位移量分别为×1、×10、×100,单位为 mm
 单步执行开关	单步执行有效时,每按一次,程序启动执行一条程序指令
 程序段跳读	自动方式下按此键,跳过程序中开头带有"/"符号的程序段
 选择性停止	自动方式下,遇到有条件程序停指令 M01 时程序停止

（续表）

名　称	说　明
机床空运行	执行程序时按下此键,各编程轴不再按编程速度运动,而是按预先设定的空运行速度高速移动
程序编辑锁定开关	可允许或禁止编辑或修改程序
程序重启动	由于刀具破损等原因自动停止后,程序可以从指定的程序段重新启动
机床锁定开关	按下此键,机床各轴被锁住,只能程序运行
紧急停止按钮	带有自锁功能,用于紧急情况下的停止

二、程序的输入

1. 通过操作面板手工输入 NC 程序

操作步骤:置模式开关在"EDIT"位置按 PROG 键进入程序页面→按数字/字母键输入自定义的程序名(输入的程序名不可以与已有程序名重复)→按 EOB/E、INSERT 键,开始程序输入。如图 2-5 所示。

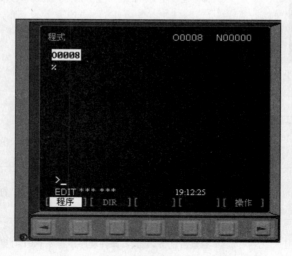

图 2-5　FANUC 0i-T 程序输入画面

【例2-1】　将下列程序输入系统内存。

O0088；

T0101；

M03　S1000；

G0　X105　Z5；

G90　X90　Z－80　F0.3；

G1　X85；

M30；

操作如下：

①将模式开关置于"EDIT"位置；

②按^{PROG}键出现如图2-5画面；

③将程序保护开关置为无效（OFF）；

④在NC操作面板上按照下列操作顺序依次输入内容：

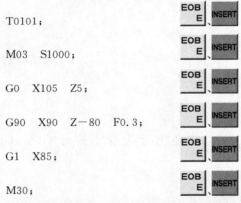

T0101；

M03　S1000；

G0　X105　Z5；

G90　X90　Z－80　F0.3；

G1　X85；

M30；

⑤将程序保护开关置为有效（ON），以保护所输入的程序；

⑥按 RESET 键，光标返回程序的起始位置。

注：（1）"EOB"为END OF BLOCK的首字母缩写，意为程序句结束。

（2）：如果屏幕出现"ALARM P/S 70"的报警信息，表示内存容量已满，请删除无用的程序。如果屏幕出现"ALARM P/S 73"的报警信息，表示当前输入的程序号内存中已存在，请改变输入的程序号或删除原程序号及对应程序内容即可。

2. MDI手动数据输入

按 键，切换到"MDI"模式→按 PROG 键，再按 EOB E ，分程序段号为"N10"→输入程序（如：G0　X50），按 INSERT "N10 G0 X50"，程序段被输入。

注：在输入过程中如输错，需要重新输入，请按 RESET 键，上面的输入全部消失，从新开始输入。如需取消其中某一输错的字，请按 CAN 键即可。

3.编辑 NC 程序(删除、插入、替代操作)

模式开关置于"EDIT"→按 <kbd>PROG</kbd> 键→输入被编辑的 NC 程序名,如"O7",按 <kbd>INSERT</kbd> 键→移动光标到需要编辑的部位→对相应程序段进行删除、插入、替代等操作。

注:移动光标的两种方法:

方法一:按 <kbd>PAGE↓</kbd>、<kbd>PAGE↑</kbd> 键翻页,按 <kbd>↑</kbd>、<kbd>↓</kbd> 键移动光标。

方法二:用搜索一个指定的代码的方法移动光标。

4.删除、插入、替代

(1)按 <kbd>DELETE</kbd> 键,删除光标所在的代码。

(2)按 <kbd>INSERT</kbd> 键,把输入区的内容插入到光标所在代码后面。

(3)按 <kbd>ALTER</kbd> 键,用输入区的内容替代光标所在的代码。

【例 2-2】 将 Z1.0 改为 Z1.5。

操作如下:

① 将光标移到 Z1.0 的位置。

② 输入改变后的字 Z1.5。

③ 程序保护开关置为无效(OFF)。

④ 按 <kbd>ALTER</kbd> 键,即已更替。

⑤ 程序保护开关置为有效(ON)。

【例 2-3】 在语句"G90 G00 X90 Z-80 F0.3"中加入 G54,改为"G54 G90 G00 X90 Z-80 F0.3"。

操作如下:

① 将光标移动到要插入字的前一个字(G90)的位置。

② 输入要插入的字(G54)。

③ 程序保护开关置为无效(OFF)。

④ 按 <kbd>INSERT</kbd> 键,出现:G54 G90 G00 X90 Z-80 F0.3。

⑤ 程序保护开关置为有效(ON)。

5.选择一个程序

选择一个程序有两种方法:

(1)按程序号搜索

①将模式开关置于"EDIT"位置;

②按 <kbd>PROG</kbd> 键;

③输入程序名(字母、数字);

④移动光标开始搜索,找到后,程序名显示在屏幕右上角程序号位置,程序内容显示在屏幕上。

(2)程序搜索

①将模式开关置于"AUTO"位置;

②按 PROG 键,键入字母"O";

③输入程序名(字母、数字),如按 7 A 键输入数字"7",输入搜索的号码"O7";

④按软键【操作】→ 【O 检索】,"O7"显示在屏幕上,找到要查找的程序;

⑤可继续输入程序段号(如"N30"),按软键【N 检索】搜索相应程序段。

6. 删除一个程序

(1)将模式开关置于"EDIT"位置;

(2)按 PROG 键;

(3)输入程序名(字母、数字);

(4)按 DELETE 键,程序被删除。

7. 删除全部程序

(1)将模式开关置于"EDIT"位置;

(2)按 PROG 键;

(3)输入字母"O"、数字"−9999";

(4)按 DELETE 键,所有程序被删除。

8. 显示程序内存使用量

(1)将模式开关置于"EDIT"位置;

(2)程序保护开关置为无效(OFF);

(3)按 PROG 键,出现 画面信息;

(4)按 PAGE↓、PAGE↑ 键可进行翻页;

(5)按 RESET 键,回到原来的程序画面。

9. 程序的输出

(1)连接输入/输出设备,做好输出准备;

(2)将模式开关置于"EDIT"位置;

(3)程序保护开关置为无效(OFF);

(4)按 PROG 键;

(5)键入程序号。

三、参考点与坐标系的建立

1.输入零件原点参数

(1)按 ![OFFSET SETTING] 键进入参数设定页面,按软键【坐标系】,如图 2-6 所示;

(2)用 ![PAGE ↓]、![PAGE ↑] 键或光标选择坐标系;

(3)输入地址字(X/Z)和数值到输入域(光标亮处);

(4)按 ![INPUT] 键,把输入域中间的内容输入到所指定的位置。

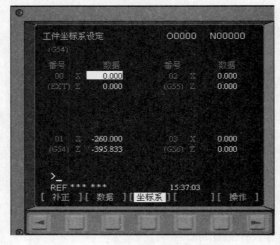

图 2-6 FANUC 0i-T 工件坐标系页面

2.位置显示

按 ![POS] 键切换到位置显示页面。用 ![PAGE ↓]、![PAGE ↑] 键切换,如图 2-7 所示。

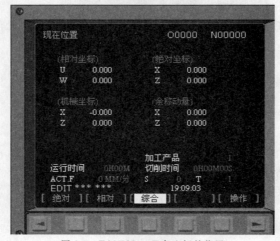

图 2-7 FANUC 0i-T 各坐标的位置

其中:

(1)相对坐标:显示机床坐标相对于前一位置的坐标。

(2)绝对坐标：显示机床在当前坐标系中的位置。

(3)机械坐标：机床坐标系中的位置。

(4)余移动量：当前运动指令的剩余移动量。

3.用 G50 设置工件零点

(1)用外圆车刀先试切一段外圆，按软键【相对】，再按 [SHIFT]→ XU 键，这时"U"坐标在闪烁。按软键【ORIGIN】置"零"，测量工件外圆后，选择"MDI"模式，输入"G01 U－××（××为测量直径)F0.3"，切端面到中心。如图 2-8 所示。

图 2-8　FANUC 0i-T 车床设置工件零点

(2)选择"MDI"模式，输入"G50　X0　Z0"，启动 [↑] 键，把当前点设为零点。

(3)选择"MDI"模式，输入"G50　X150　Z150"，使刀具离开工件。这时程序开头：G50　X150　Z150 ……。

注：用 G50　X150　Z150，程序起点和终点必须一致，即 X150　Z150，这样才能保证重复加工不乱刀。

如用第二参考点 G30，则能保证重复加工不乱刀，这时程序开头：

G30　U0　W0；

G50　X150　Z150；

4.用零点偏移设置工件零点

(1)按下 [OFFSET SETTING] 键，通过软键操作进入工件偏移界面，可输入零点偏移值。

(2)用外圆车刀先试切工件端面，这时显示 X、Z 坐标的位置(如：X－260 Z－395)，直接输入到偏移值里。

(3)选择 [⊕] 回参考点方式，按 X、Z 轴回参考点，这时工件零点坐标系即建立。

注：这个零点一直保持，只有重新设置偏移值 Z0 时才清除。

5.用 G54～G59 设置工件零点

用外圆车刀先试切一外圆，按 [OFFSET SETTING]→ [◀] →【坐标系】，如选择 G55，输入 X0、Z0，按软键【测量】,工件零点坐标即存入 G55 里,程序直接调用,如:G55　X60　Z50……。

注:可用 G53 指令清除 G54～G59 工件坐标系。

四、刀具安装与对刀操作

1. 工件的装夹

(1)FANUC 系统数控车床使用三爪自动定心卡盘,对于圆棒料,装夹时工件要水平安放,右手拿工件,左手旋紧卡盘扳手。

(2)工件的伸出长度一般比被加工工件大 10 mm 左右。

(3)对于一次装夹不能满足形位公差的零件,要采用鸡心夹头夹持工件并用两顶尖顶紧的装夹方法。

(4)用校正划针校正工件,经校正后再将工件夹紧,工件找正工作随即完成。

2. 刀具的安装

将加工零件的刀具依次装夹到相应的刀位上,操作如下:

(1)根据加工工艺路线分析,选定被加工零件所用的刀具号,按加工工艺的顺序安装。

(2)选定 1 号刀位,装上第一把刀,注意刀尖的高度要与对刀点重合。

(3)手动操作控制面板上的"刀架旋转"
按钮,然后依次将加工零件的刀具装夹到相应的刀位上。

3. 直接用刀具试切对刀

(1)用外圆车刀先试切一外圆,测量外圆
直径后,如图 2-9 所示,按【OFFSET SETTING】→【补正】→
【形状】→输入"外圆直径值",按软键【测量】,
刀具"X"补偿值即自动输入到几何形状里。

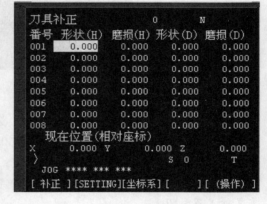

图 2-9　FANUC 0i-T 刀具补正页面

(2)用外圆车刀再试切外圆端面,按【OFFSET SETTING】
→【补正】→【形状】→输入"Z0",按软键【测
量】,刀具"Z"补偿值即自动输入到几何形
状里。

4. 输入刀具补偿参数

(1)按【OFFSET SETTING】键进入参数设定页面,按软键【补正】,如图 2-10 所示。

(2)用【PAGE↓】、【PAGE↑】键选择长度补偿,半径补偿项。

(3)用【↑】、【↓】键选择补偿参数编号。

(4)输入补偿值到长度补偿或半径补偿。

(5)按【INPUT】键,把输入的补偿值输入到所指定的位置。

5. 磨损补偿

(1)按【OFFSET SETTING】键后按【PAGE↑】键,使 CRT 出现如图 2-11 所示画面。

（2）将光标移至所需进行磨损补偿的刀具补偿号所在的位置。

<table>
<tr><td colspan="5">刀具补正/形状   O   N</td></tr>
<tr><td>番号</td><td>X</td><td>Z</td><td>R</td><td>T</td></tr>
<tr><td>01</td><td>0.000</td><td>0.000</td><td>0.000</td><td>T</td></tr>
<tr><td>02</td><td>0.000</td><td>0.000</td><td>0.000</td><td>0</td></tr>
<tr><td>03</td><td>0.000</td><td>0.000</td><td>0.000</td><td>0</td></tr>
<tr><td>04</td><td>0.000</td><td>0.000</td><td>0.000</td><td>0</td></tr>
<tr><td>05</td><td>0.000</td><td>0.000</td><td>0.000</td><td>0</td></tr>
<tr><td>06</td><td>0.000</td><td>0.000</td><td>0.000</td><td>0</td></tr>
<tr><td>07</td><td>0.000</td><td>0.000</td><td>0.000</td><td>0</td></tr>
<tr><td>08</td><td>0.000</td><td>0.000</td><td>0.000</td><td>0</td></tr>
</table>

现在位置(相对座标)

》U   -207.800   W   -109.383

                 S   O   T

JOG **** *** ***

[摩耗][形状][SETTING[坐标系][（操作）]

图 2-10   FANUC 0i-T 形状补偿值输入

<table>
<tr><td colspan="5">刀具补正/磨损   O   N</td></tr>
<tr><td>番号</td><td>X</td><td>Z</td><td>R</td><td>T</td></tr>
<tr><td>01</td><td>0.000</td><td>0.000</td><td>0.000</td><td>0</td></tr>
<tr><td>02</td><td>0.000</td><td>0.000</td><td>0.000</td><td>0</td></tr>
<tr><td>03</td><td>0.000</td><td>0.000</td><td>0.000</td><td>0</td></tr>
<tr><td>04</td><td>0.000</td><td>0.000</td><td>0.000</td><td>0</td></tr>
<tr><td>05</td><td>0.000</td><td>0.000</td><td>0.000</td><td>0</td></tr>
<tr><td>06</td><td>0.000</td><td>0.000</td><td>0.000</td><td>0</td></tr>
<tr><td>07</td><td>0.000</td><td>0.000</td><td>0.000</td><td>0</td></tr>
<tr><td>08</td><td>0.000</td><td>0.000</td><td>0.000</td><td>0</td></tr>
</table>

现在位置(相对座标)

》U   -200.000   W   -100.000

                 S   O   T

JOG **** *** ***

[摩耗][形状][SETTING[坐标系][（操作）]

图 2-11   FANUC 0i-T 刀具磨损补偿

【例 2-4】   测量用 T0202 刀具加工的工件外圆直径为 $\phi 45.03$ mm，长度为 20.05 mm，而规定直径应为 $\phi 45$ mm，长度应为 20 mm。实测直径值比要求值大 0.03 mm，长度大 0.05 mm，应进行磨损补偿。将光标移至 W02，键入 $U-0.03$ 后按 INPUT 键，键入 $W-0.05$ 后按 INPUT 键，则 X 值变为在测量值的基础上加 -0.03 mm，Z 值变为在测量值的基础上加 -0.05 mm。

注：Z 轴方向的磨损补偿与 X 轴方向的磨损补偿方法相同，只是 X 轴方向是以直径方式来计算数值的。

2.1.3   SIEMENS 802D 系统数控车床的认识与基本操作

一、SIEMENS 802D 数控系统操作面板的认识

1. 数控系统操作面板与各键功能

SIEMENS 802D 数控系统操作面板如图 2-12 所示，各键功能说明见表 2-3。

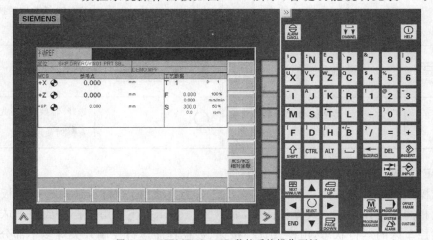

图 2-12   SIEMENS 802D 数控系统操作面板

表 2-3 　　　　　　　　SIEMENS 802D 数控系统操作面板各键功能说明

图标	说明	图标	说明
	返回键		菜单扩展键
 ALARM CANCLL	报警应答键	 1......n CHANNEL	通道转换键
 i HELP	信息键	 SHIFT	上档键
 CTRL	控制键	 ALT	ALT 键
 ⌴	空格键	 BACKSPACE	退格键
 DEL	删除键	 INSERT	插入键
 TAB	制表键	 INPUT	回车/输入键
 M POSITION	加工操作区域键	 PROGRAM	程序操作区域键
 OFFSET PARAM	参数操作区域键	 PROGRAM MANAGER	程序管理操作区域键
 SYSTEM ALARM	报警/系统操作区域键	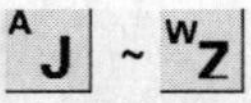 A J ~ W Z	字母键,上档键转换对应字符
 PAGE UP PAGE DOWN	翻页键	 ▲ ▼ ◄ ►	光标键
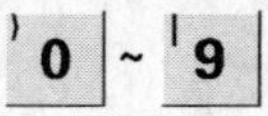 0 ~ 9	数字键,上档键转换对应字符	 SELECT	选择/转换键(当光标后有 U 时使用)

2. SIEMENS 802D 数控车床操作面板

车床操作面板分为立式和卧式两种,图 2-13 为立式操作面板,卧式操作面板按键的图标与此相同。数控车床立式操作面板,如图 2-13 所示。主要用于控制数控车床的运动和选择数控车床的运行状态,由模式选择按钮、数控程序运行控制开关等多个部分组成。

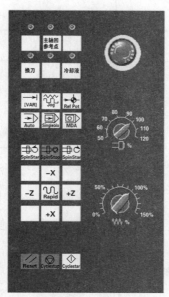

图 2-13 SIEMENS 802D 数控车床立式操作面板

表 2-4 操作面板各按钮功能说明

图标	说明
MDA	手动数据输入自动方式
Auto	进入自动加工模式
Jog	手动模式,手动连续移动各轴
Ref Pot	回参考点模式
[VAR]	增量选择
Singleblo	自动加工模式中,单步运行
SpinStar	主轴反转
SpinStar	主轴正转
SpinStop	主轴停止
Reset	复位键
CycleStar	循环启动
Cyclestop	循环停止
Rapid	快速移动

（续表）

图标	说明
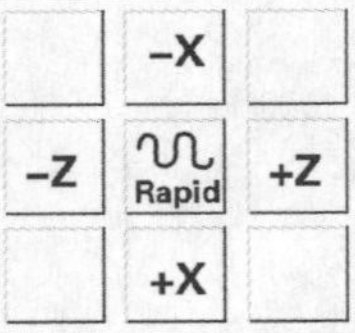 −X −Z Rapid +Z +X	选择要移动的轴
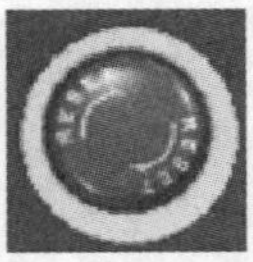	紧急停止旋钮
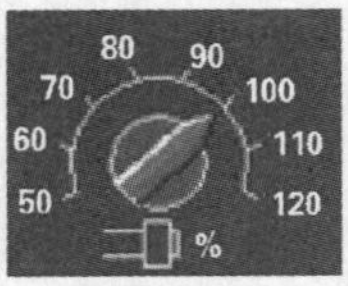 80 90 70 100 60 110 50 120 %	主轴速度倍率旋钮
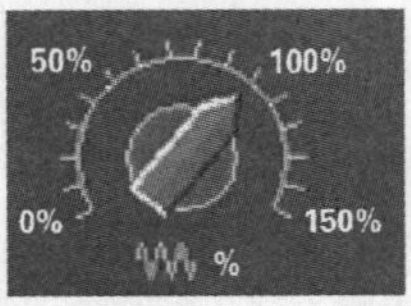 50% 100% 0% 150% %	进给速度(F)倍率旋钮

二、程序的操作

1. 输入新程序

用 SIEMENS 802D 数控系统内部的编辑器直接输入程序。

输入新程序的操作步骤如下：

（1）在系统面板上按下 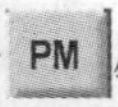 PM 键，进入程序管理界面如图 2-14（a）所示。

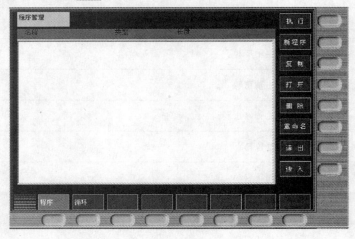

(a)

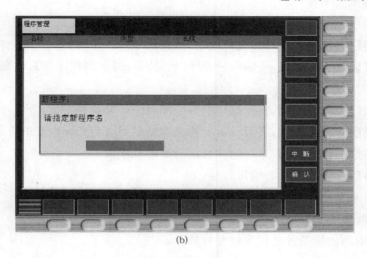

(b)

图 2-14　输入"新程序"对话框

　　(2)按软键【新程序】,出现"新程序"对话窗口(图 2-14(b)),在此对话框内输入新的程序名称,在名称后输入扩展名.mpf 或.spf,默认为 * .mpf 文件。

　　(3)按软键【确认】确认输入,生成零件程序编辑界面。现在可以对新程序进行编辑。

　　(4)若按软键【中断】,将关闭此对话框并到程序管理主界面。

　　注:新程序名称开始的两个符号必须为字母,其后的符号可以是字母、数字或下划线,最多为 16 个字符,不得使用分隔符。

　　2.零件程序的编辑

　　功能:零件程序不处于执行状态时,可以进行编辑。

　　具体操作步骤如下:

　　(1)在程序管理主界面,按下 PM 键,选中一个程序,按软键【打开 】或按 INPUT 键,则进入到如图 2-15 所示的程序编辑主界面,编辑选中的程序。在其他主界面上,按 MDI 键盘上的 PROGRAM 键,也可进入到编辑主界面,其中程序为以前载入的程序。

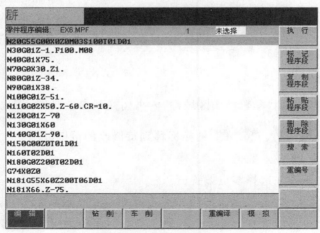

图 2-15　程序编辑主界面

(2)输入程序,程序立即被存储。

(3)按软键【执行】来选择当前编辑程序为运行程序。

(4)按软键【标记程序段】,开始标记程序段。按软键【复制程序段】或【删除程序段】或输入新的字符时将取消标记。

(5)按软键【复制程序段】,将当前选中的一段程序拷贝到剪贴板。

(6)按软键【粘贴程序段】,将剪贴板上的文本粘贴到当前光标所在的位置。

(7)按软键【删除程序段】,可以删除当前选择的程序段。

(8)按软键【重编号】可重新编排行号。

注:若编辑的程序是当前正在执行的程序,则不能输入任何字符。

3. 程序段搜索

程序段搜索的前提条件是程序已经被选择。

具体操作步骤如下:

(1)切换到如图 2-15 所示程序编辑主界面,参考编辑程序。

(2)按软键【搜索】,系统弹出如图 2-16(a)所示的搜索文本对话框。若需按行号搜索,按软键【行号】,对话框变为如图 2-16(b)所示的对话框。

搜索结果:窗口显示所搜索到的程序段。

(a) 文本搜索程序段

(b) 按行号搜索程序段

图 2-16 "搜索程序段"对话框

三、参考点与坐标系的建立

1. 输入/修改零点偏置值

根据工件图纸确定程式原点,编辑程序。在手动模式下,把工件原点的机床坐标值输入到选择的工件坐标系 G54～G59。

具体操作步骤如下:

(1)按 MDI 键盘上的"参数操作区域键" OFFSET PARAM ,切换到参数操作区。如图 2-17 所示。

(2)用光标键 ▲ 、▼ 、◄ 、► 把光标移到待修改的范围。

(3)按数字键 1～9 输入数值。

(4)按向上、向下键来选择零点偏置值。

(5)按返回键 △ 取消零点偏置值,直接返回上一级菜单。

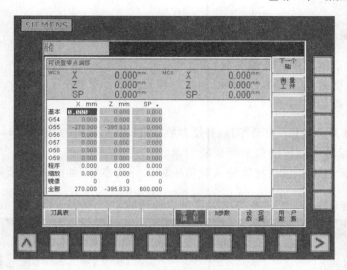

图 2-17　零点偏置窗口

2.计算零点偏置值(如图 2-18)

只有在"JOG"模式下才可以计算零点偏置值。

具体操作步骤如下：

(1)按 MDI 键盘上的"参数操作区域键" ^{OFFSET}/PARAM，切换到参数操作区，如图 2-17 所示。

(2)按软键【X】或【Z】选择轴向，按软键【测量工件】，显示屏幕将转换到如图 2-18 所示测量零点偏置界面。

(3)按软键【计算】，工件零点偏置被存储；按软键【中断】，退出窗口。

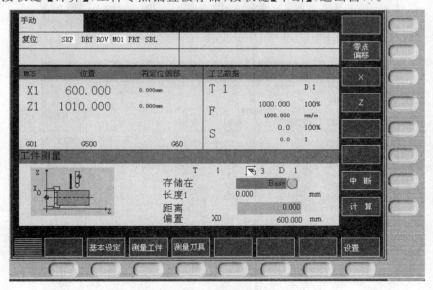

图 2-18　测量零点偏置界面

四、刀具安装与对刀操作

1. 输入刀具参数及刀具补偿参数

刀具参数包括刀具几何参数、磨损量参数和刀具型号参数。

具体操作步骤如下：

(1)按 OFFSET PARAM ➡【刀具表】后，打开"刀具补偿参数"窗口，显示所用的刀具清单，如图 2-19 所示。

(2)通过光标键和翻页键选出所要的刀具。

(3)移动光标选择参数或直接输入数值来输入补偿参数，如图 2-20 所示。

(4)按 INPUT 键确认，对于一些特殊刀具可以使用软键【扩展】来输入参数。

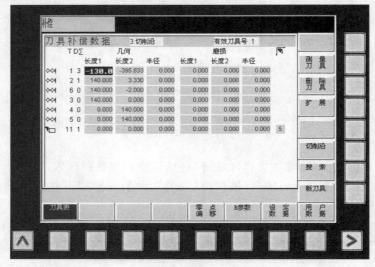

图 2-19　刀具清单

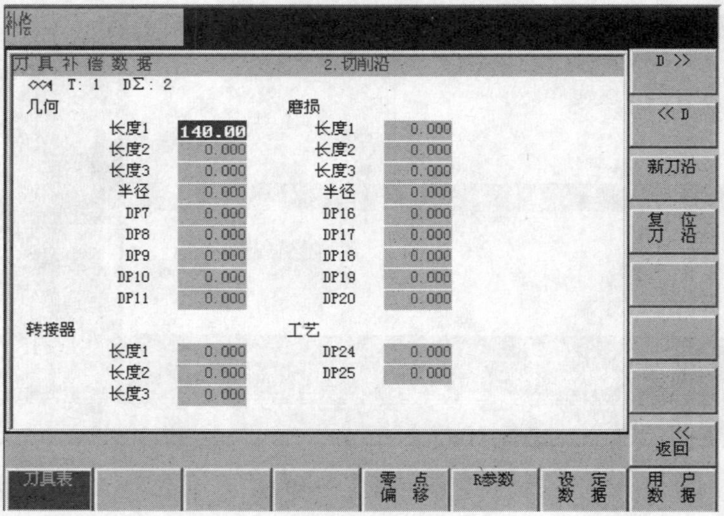

图 2-20　刀具补偿

2．建立新刀具

建立新刀具操作步骤如下：

(1)按 `OFFSET PARAM`→【新刀具】，将出现如图 2-21 所示"输入刀具号"窗口，该窗口下有两个菜单供使用，分别用于选择刀具类型和填入相应的刀具号。

(2)选择后按 `确认` 键确认输入，在刀具清单中即可自动生成新刀具。

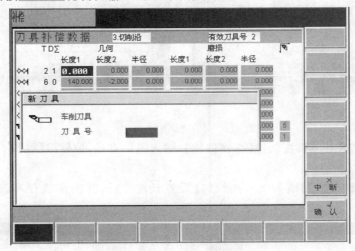

图 2-21 "输入刀具号"窗口

3．确定刀具补偿（手动）

利用确定刀具补偿功能可以计算刀具 T 未知的几何长度。确定刀具补偿的前提条件是：换刀，在"JOG"模式下移动该刀具，使刀尖到达一个已知坐标值的机床位置或试切零件使刀具到达工件表面。

确定刀具补偿的具体操作步骤如下：

(1)按 `OFFSET PARAM`→【测量刀具】，打开"手动测量"窗口，如图 2-22 所示。

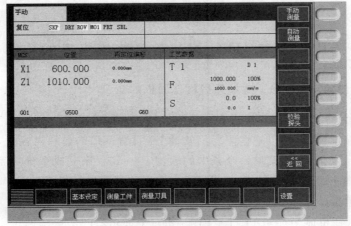

图 2-22 "手动测量"窗口

（2）按软键【手动测量】，出现如图 2-23 所示"对刀"窗口。

（3）试切工件外圆和端面，测量长度 1 和长度 2。

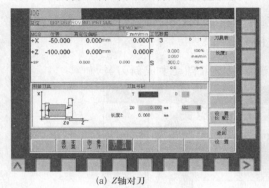
(a) Z轴对刀

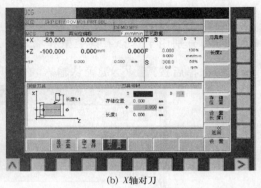
(b) X轴对刀

图 2-23 "对刀"窗口

（4）按软键【长度 1】，按软键【存储位置】，输入测量直径，按软键【设置长度 1】，直径偏移值存入。如图 2-24（a）所示。

（5）按软键【长度 2】输入 Z0，按软键【设置长度 2】长度偏移值存入。如图 2-24（b）所示。

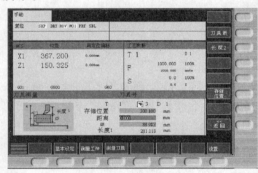

(a) 输入长度1偏移值

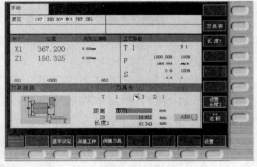
(b) 输入长度2偏移值

图 2-24 "输入长度偏移值"窗口

2.1.4 华中世纪星 HNC-21T 系统数控车床的认识与基本操作

一、华中世纪星 HNC-21T 数控系统操作面板的认识

1. 华中世纪星 HNC-21T 数控系统操作面板（如图 2-25 所示）

①—图形显示窗口：可以根据需要用软键 F9 设置窗口的显示内容。

②—菜单命令条：通过菜单命令条中的软键 F1～F10 来完成系统功能的操作。

③—运行程序索引：自动加工中的程序名和当前程序段行号。

④—选定坐标系下的坐标值：

● 坐标系可在机床坐标系/工件坐标系/相对坐标系之间切换；

● 显示值可在指令位置/实际位置/剩余进给/跟踪误差/负载电流/补偿值之间切换。

图 2-25　华中世纪星 HNC-21T 系统操作面板

⑤—工件坐标零点：工件坐标零点在机床坐标系下的坐标。

⑥—倍率修调：

● 主轴修调，当前主轴修调倍率；

● 进给修调，当前进给修调倍率；

● 快速修调，当前快速修调倍率。

⑦—辅助机能：自动加工中的 M、S、T 代码。

⑧—当前加工程序行：当前正在或将要加工的程序段。

⑨—当前加工方式、系统运行状态及系统时钟：

● 加工方式：系统加工方式根据机床控制面板上相应按键的状态，可在自动（运行）、单段（运行）、手动（运行）、增量（运行）、回零、急停、复位等之间切换；

● 运行状态：系统运行状态在"运行正常"和"出错"之间切换；

● 系统时钟：当前系统时间。

当要返回主菜单时，按子菜单下的返回键 F10 即可。

2. 华中世纪星 HNC-21T 数控系统的菜单结构

华中世纪星 HNC-21T 数控系统的主菜单与子菜单如图 2-26 所示。

图 2-26　主菜单与子菜单

主菜单详细说明如下：

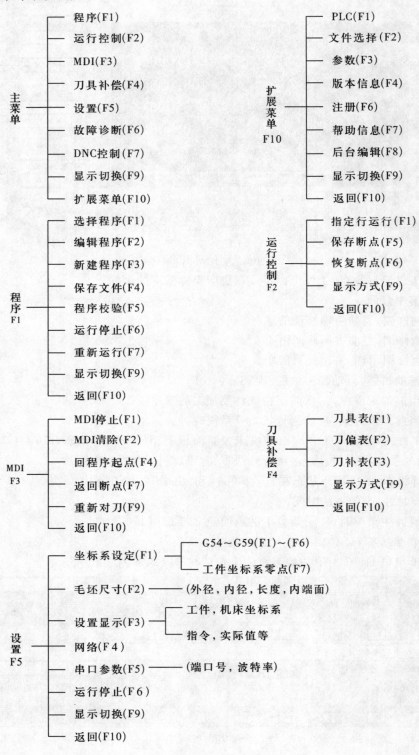

3.机床操作面板

机床操作面板示意图如图 2-27 所示。

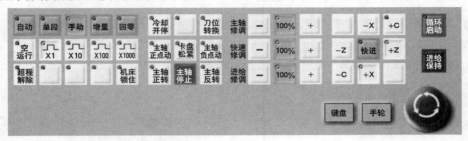

图 2-27　机床操作面板示意图

二、程序的输入

1.新建程序

若要创建一个新的程序,如图 2-28 所示,按软键【程序 F1】进入下一级菜单,按软键【编辑程序 F2】,再按软键【新建程序 F3】,在文件名栏输入新程序名(不能与已有程序名重复),按 Enter 键即可,此时 CRT 界面上显示一个空文件,可通过 MDI 键盘输入所需程序,编辑完毕按软键【保存文件 F4】保存。

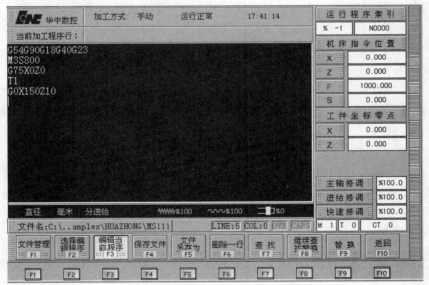

图 2-28　编辑新程序

2.选择已有程序编辑

若要编辑已有的程序,按软键【程序 F1】进入下一级菜单,按软键【选择程序 F1】,再按软键【编辑程序 F2】,将文件调入编辑区,按 Enter 键即可,此时,CRT 界面上显示已有的文件,编辑完毕,按软键【保存文件 F4】保存。

3. 后台编辑已有程序

若要后台编辑已有的程序,按软键【扩展菜单 F10】进入下一级菜单,按软键【后台编辑 F8】,再按软键【文件选择 F2】,通过▲、▼键,将文件调入编辑区,按 Enter 键即可,此时 CRT 界面上显示已有的文件,如图 2-29 所示,编辑完毕按软键【保存文件 F4】保存。若打开的文件没有选择加工程序,则出现 2-30 所示提示。

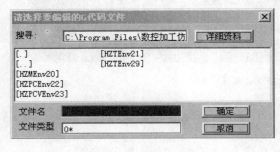
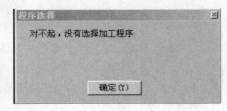

图 2-29 "选择要编辑的文件"对话框   图 2-30 "选择程序"对话框

注:(1)后台编辑程序时可以边加工边运行,后台编辑的程序必须到前台调用。

(2)程序文件名一般是由字母"O"开头,后跟四个(或多个)字母或数字组成,系统缺省认为程序文件名是由"O"开头的;

(3)HNC-21/22M 扩展了标识程序文件的方法,可以使用任意文件名(即 8+3 文件名:1 至 8 个字母或数字后加点,再加 0 至 3 个字母或数字组成,如:Mypart.nc、01234 等)标识程序文件。

4. 后台编辑新程序

若要后台编辑新程序,则在【扩展菜单 F10】下一级子菜单下按软键【后台编辑 F8】,再按软键【新建程序 F3】,输入新程序名,按 Enter 键即可,此时进入编辑区,编辑完毕按软键【保存文件 F4】保存。

5. 程序管理

(1)按软键【程序 F1】进入下一级菜单,按软键【选择程序 F1】,进入程序管理状态。可根据需要对程序进行插入、删除、查找替换等编辑操作。当返回到编辑模式时,如果零件程序不处于编辑状态,可在【程序 F1】下级菜单下按软键【新建程序 F3】进入编辑状态。

(2)在编辑过程中用到的主要快捷键如下:

① Del :删除光标后的一个字符,光标位置不变,余下的字符左移一个字符位置;

② PgUp :使编辑程序向程序头滚动一屏,光标位置不变,如果到了程序头,则光标移到文件首行的第一个字符处;

③ PgDn :使编辑程序向程序尾滚动一屏,光标位置不变,如果到了程序尾,则光标移到文件末行的第一个字符处;

④ BS :删除光标前的一个字符,光标向前移动一个字符位置,余下的字符左移一个字符位置;

⑤◀:使光标左移一个字符位置;

⑥▶:使光标右移一个字符位置;

⑦▲:使光标向上移一行;

⑧▼:使光标向下移一行。

（3）删除一行

在编辑功能子菜单中按软键【删除一行 F6】将删除光标所在的程序行。

（4）查找

在编辑状态下,查找字符串的操作步骤如下:

①在编辑功能子菜单下按软键【查找 F7】,弹出如图 2-31 所示的对话框,按 Esc 键,将取消查找操作。

②在"查找"栏输入要查找的字符串。

③按 Enter 键,从光标处开始向程序结尾搜索。

④如果当前编辑程序不存在要查找的字符串,将弹出如图 2-32 所示提示。

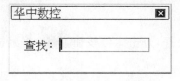

图 2-31 输入查找字符串

图 2-32 找不到字符串提示

⑤如果当前编辑程序存在要查找的字符串,光标将停在找到的字符串后,且被查找到的字符串颜色和背景都将改变。

⑥若要继续查找,按软键【继续查找替换 F8】即可。

注:查找总是从光标处向程序尾进行,到程序尾后再从程序头继续往下查找。

（5）替换

在编辑状态下替换字符串的操作步骤如下:

①在编辑功能子菜单下按软键【替换 F9】,弹出如图 2-33 所示的对话框,按 Esc 键,将取消替换操作。

②在"被替换的字符串"栏输入被替换的字符串。

③按 Enter 键,将弹出如图 2-34 所示的对话框。

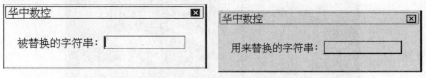

图 2-33 输入被替换的字符串　　图 2-34 输入用来替换的字符串

④在"用来替换的字符串"栏输入用来替换的字符串。

⑤按 Enter 键,从光标处开始向程序尾搜索。

⑥如果当前编辑程序不存在被替换的字符串,将弹出如图 2-32 所示的对话框。

⑦如果当前编辑程序存在被替换的字符串,将弹出如图 2-35 所示的对话框。

⑧按 **确定[Y]** 按钮则替换所有字符串;按 **取消[N]** 按钮则光标停在找到的被替换字符串后,且弹出如图 2-36 所示的对话框。

华中数控 ☒

是否要讲所有的 18 均替换为 180?

确定[Y]　取消[N]

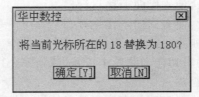

华中数控 ☒

将当前光标所在的 18 替换为 180?

确定[Y]　取消[N]

图 2-35　确认是否全部替换　　　　　　　　图 2-36　是否替换当前字符串

⑨按 **确定[Y]** 按钮则替换当前光标处的字符串,按 **取消[N]** 按钮则取消操作。

⑩若要继续替换,按软键【继续查找替换 F8】即可。

注:替换也是从光标处向程序结尾进行,到程序尾后再从程序头继续往下替换。

三、参考点与坐标系的建立

1. 激活机床

检查急停按钮是否松开至 ⊙ 状态,若未松开,点击急停按钮 ⊙,将其松开。

2. 机床回参考点

检查操作面板上 回零 指示灯是否亮,若指示灯亮,则已进入回零模式;若指示灯不亮,则点击 回零 按钮,使 回零 指示灯亮,转入回零模式。

在回零模式下,点击控制面板上的 +X 键,只需按一次即可,此时 X 轴将回零,CRT 上的 X 坐标变为"0.000"。同样,再点击 Z 坐标,可以将 Z 轴回零。此时 CRT 界面如图 2-37 所示。

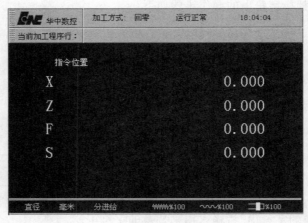

图 2-37　机床回参考点

3. 设置坐标系

(1)按软键【设置 F5】,在弹出的下一级子菜单中按软键【坐标系设定 F1】,进入自动坐标系设置界面,如图 2-38 所示。

图 2-38　MDI 方式下的坐标系设置

（2）用 **PgUp** 或 **PgDn** 键选择自动坐标系 G54～G59、当前工件坐标系、当前相对值零点，如图 2-39 所示。

（3）在控制面板的 MDI 键盘上按数字/字母键，输入地址字（X、Z）和通过对刀得到的工件坐标系原点在机床坐标系中的坐标值。设通过对刀得到的工件坐标系原点在机床坐标系中的坐标值为（－100，－300），需采用 G54 编程，则在自动坐标系 G54 下输入"$X-100$　$Z-300$"。

G54坐标系	F1
G55坐标系	F2
G56坐标系	F3
G57坐标系	F4
G58坐标系	F5
G59坐标系	F6
工件坐标系	F7

（4）按 **Enter** 键，将输入域中的内容输入到指定坐标系中。此时 CRT 界面上的坐标值发生变化，对应显示输入域中的内容；按 **BS** 键逐字删除输入域中内容。

图 2-39　工件坐标系

注：在编辑过程中，在按 **Enter** 键之前，按 **Esc** 键可退出编辑，此时输入的数据将丢失，系统保持原值不变。

四、刀具安装与对刀操作

1. 对刀操作

（1）将工作模式改为"手动"，按软键【刀具补偿 F4】，在弹出的下一级子菜单下按软键【刀偏表 F2】，进入刀偏数据设置页面，如图 2-40（a）所示。

（2）用方位键▲、▼移动蓝色亮条，选择所需刀偏号，用方位键▶、◀移动蓝色亮条，到"试切长度"栏，如图 2-40（b）所示。

（3）用标准刀具试切工件端面，然后沿 X 轴方向退刀。主轴停止转动后，测量工件长度，得到刀具在工件坐标系下的 Z 轴坐标值，然后按 **Enter** 键，在"试切长度"栏输入测量的 Z

值,按 Enter 键确认。

(4)用方位键 ▶、◀ 移动蓝色亮条到"试切直径"栏,如图 2-40(b)所示。

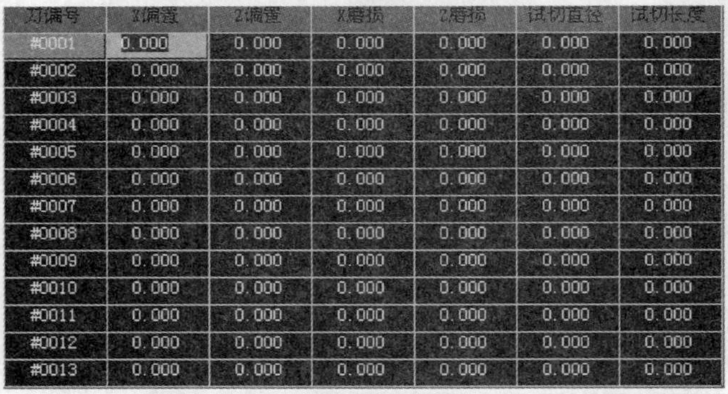

刀偏号	X偏置	Z偏置	X磨损	Z磨损	试切直径	试切长度
#0001	0.000	0.000	0.000	0.000	0.000	0.000
#0002	0.000	0.000	0.000	0.000	0.000	0.000
#0003	0.000	0.000	0.000	0.000	0.000	0.000
#0004	0.000	0.000	0.000	0.000	0.000	0.000
#0005	0.000	0.000	0.000	0.000	0.000	0.000
#0006	0.000	0.000	0.000	0.000	0.000	0.000
#0007	0.000	0.000	0.000	0.000	0.000	0.000
#0008	0.000	0.000	0.000	0.000	0.000	0.000
#0009	0.000	0.000	0.000	0.000	0.000	0.000
#0010	0.000	0.000	0.000	0.000	0.000	0.000
#0011	0.000	0.000	0.000	0.000	0.000	0.000
#0012	0.000	0.000	0.000	0.000	0.000	0.000
#0013	0.000	0.000	0.000	0.000	0.000	0.000

(a) 刀偏数据设置

刀偏表						
刀偏号	X偏置	Z偏置	X磨损	Z磨损	试切直径	试切长度
#0001	0.000	0.000	0.000	0.000	0.000	0.000
#0002	0.000	0.000	0.000	0.000	0.000	0.000
#0003	0.000	0.000	0.000	0.000	0.000	0.000
#0004	0.000	0.000	0.000	0.000	0.000	0.000
#0005	0.000	0.000	0.000	0.000	0.000	0.000
#0006	0.000	0.000	0.000	0.000	0.000	0.000
#0007	0.000	0.000	0.000	0.000	0.000	0.000
#0008	0.000	0.000	0.000	0.000	0.000	0.000
#0009	0.000	0.000	0.000	0.000	0.000	0.000
#0010	0.000	0.000	0.000	0.000	0.000	0.000
#0011	0.000	0.000	0.000	0.000	0.000	0.000
#0012	0.000	0.000	0.000	0.000	0.000	0.000
#0013	0.000	0.000	0.000	0.000	0.000	0.000

(b) 试切长度和直径栏

图 2-40 对刀操作

(5)用刀具试切零件外圆,然后沿 Z 轴方向退刀。主轴停止转动后,测量切削后工件直径,得到刀具在工件坐标系下的 X 轴坐标值,然后按 Enter 键,在"试切直径"栏输入测量的 X 值,按 Enter 键确认。

(6)按软键【返回 F10】返回到初始界面。

注:(1)采用自动设置坐标系对刀前,机床必须先回机械零点。

(2)试切零件时主轴需转动,Z 轴试切长度有正负之分。

(3)试切零件外圆后,未输入试切直径时,不得移动 X 轴;试切工件端面后,未输入试切长度时,不得移动 Z 轴

2. 输入刀具数据的操作

(1)按软键【刀具补偿 F4】,在弹出的下一级子菜单下按软键【刀偏表 F2】,如图 2-41 所示。

(2)用 ▲、▼、▶、◀、PgUp PgDn 键移动蓝色亮条选择要编辑的选项。

（3）按 Enter 键，蓝色亮条所指刀库数据的颜色和背景都发生变化，同时有一光标在闪烁。

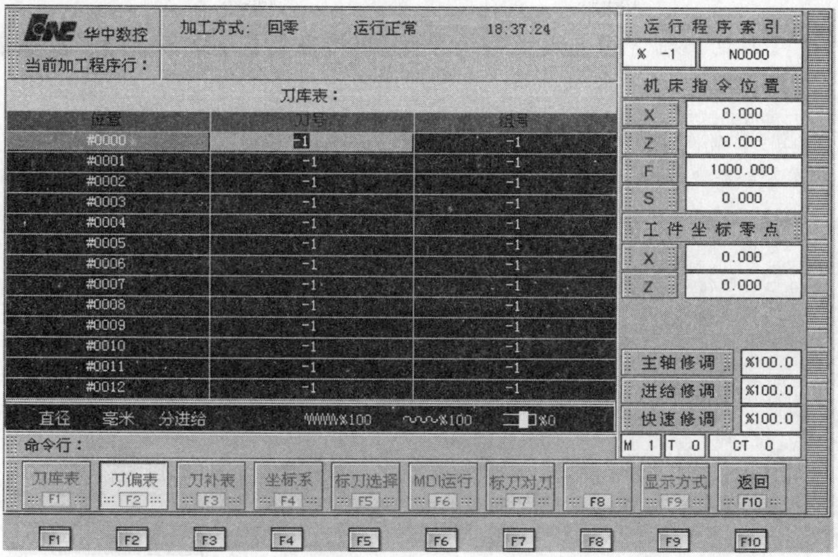

图 2-41 "刀库表"对话框

（4）若要进行刀具设置，图形显示窗口将出现刀具数据，如图 2-42 所示。

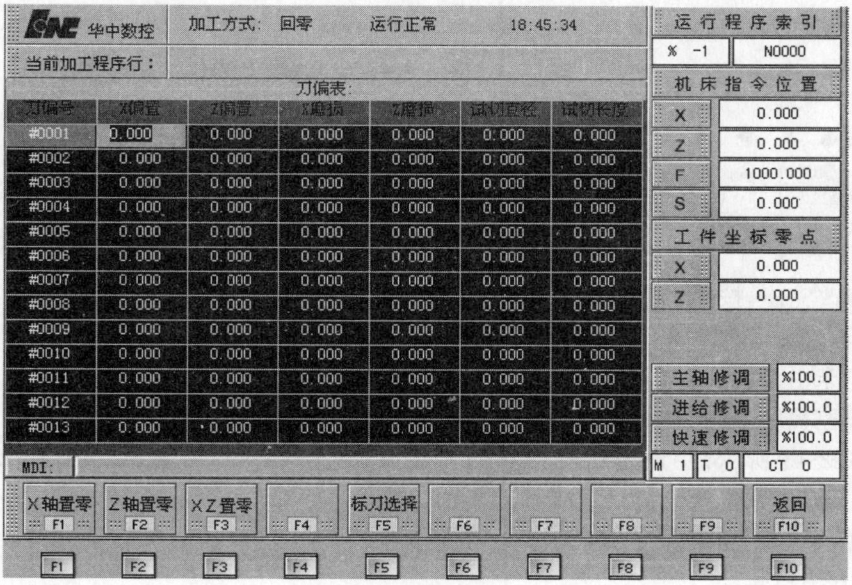

图 2-42 刀具数据的输入与修改

（5）用 ▶、◀、BS、Del 键进行编辑修改。

（6）修改完毕，按 Enter 键确认。

(7) 若输入正确图形,显示窗口相应位置将显示修改过的值,否则原值不变。

3. 输入刀尖半径补偿参数

(1)按软键【刀具补偿 F4】进入下一级子菜单,按软键【刀补表 F3】进入参数设定页面,如图 2-43 所示。

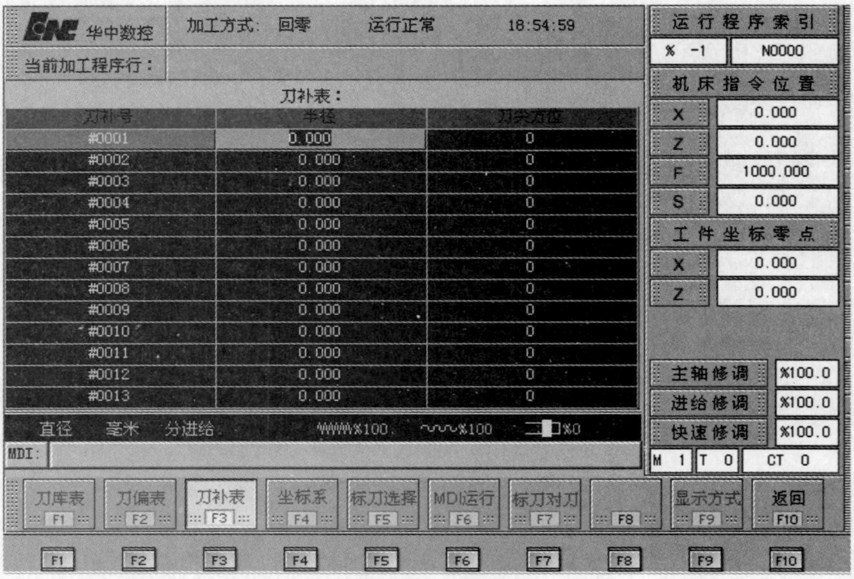

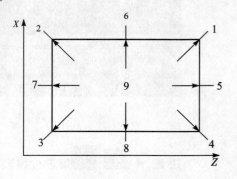

图 2-43　刀尖半径补偿表

(2)用▲、▼、▶、◀、 PgUp 、 PgDn 键将光标移到对应刀补号的"半径"栏中。

(3)按 Enter 键后,此栏可以输入字符,可通过控制面板上的 MDI 键盘输入刀尖半径补偿值。

(4)修改完毕,按 Enter 键确认,或按 Esc 键取消。

4. 输入刀尖方位参数

(1)车床中刀尖共有九个方位,如图 2-44 所示。

(2)数控程序中调用刀具补偿命令时,需在刀补表(如图 2-43 所示)中设定所选刀具的刀尖方位参数值。刀尖方位参数值根据所选刀具的刀尖方位参照图 2-44 得到,输入方法与输入刀尖半径补偿参数方法相同。

注:(1)刀补表和刀偏表从♯XX1 至♯XX99 行可输入有效数据,可在数控程序中调用。

(2)刀补表和刀偏表中♯XX0 行虽然可以输入补偿参数,但在数控程序调用时数据将被取消。

图 2-44　刀尖方位图

2.2 操作实例

2.2.1 零件图与工艺分析

1. 加工顺序和走刀路线的确定

(1) 加工顺序的确定

数控车削加工顺序一般按照先粗后精,先近后远的原则来确定。

(2) 走刀路线的确定

走刀路线一般要确定最短空行程路线;阶梯车削法或顺毛坯轮廓车削法的大余量毛坯的切削路线。

2. 尺寸计算

对于螺纹切削加工通常有如下公式:

$$t=0.65P, \quad D_大=D_{公称}-0.1P, \quad D_小=D_{公称}-1.3P$$

其中,P 为螺距。

3. 工艺处理

(1) 刀具的选择

①焊接式车刀。将硬质合金刀片用焊接的方法固定在刀体上成为焊接式刀具。这种刀具在数控车床上使用较少。

②机夹可转位车刀。机夹可转位车刀由刀杆、刀片、刀垫以及夹紧元件组成。刀片每边都有切削刃,当某切削刃磨损钝化后,只需松开夹紧元件,将刀片转个位置便可以继续使用。

注:数控车削时,应尽量采用机夹可转位车刀。

(2) 切削参数的确定

①背吃刀量 a_p(mm)。根据加工余量来确定背吃刀量。粗加工(R_a 为 $10\mu m$ ~ $80\mu m$)时,一次进给应尽可能切全部余量。在中等功率机床上,背吃刀量可达 8 mm ~ 10 mm;半精加工(R_a 为 $1.25\mu m$ ~ $10\mu m$)时,背吃刀量可达 0.5 mm ~ 2 mm;精加工(R_a 为 $0.32\mu m$ ~ $1.25\ \mu m$)时,背吃刀量可达 0.2 mm ~ 0.4 mm。

②进给量 f(mm/r)。粗车进给量应较大,以缩短切削时间;精车进给量应较小,以降低表面粗糙度。一般情况下,精车进给量小于 0.2 mm/r 为宜,但要考虑刀尖圆弧半径的影响;粗车进给量大于 0.25 mm/r。

③切削速度。切削速度的大小可影响切削效率、切削温度、刀具耐用度等。一般按公式计算后确定(详见《数控编程与加工技术(基础篇 第二版)》)。

2.2.2 操作过程

数控车床的操作过程如下:

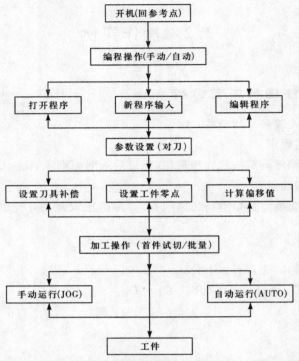

【例2-5】 用配置 FANUC 0i 数控系统的数控车床进行长手柄的数控加工,如图2-45
所示。

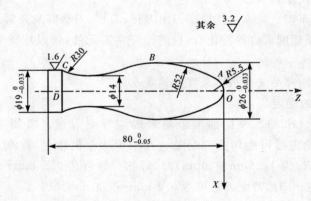

图 2-45 手柄零件图

1. 工艺分析

(1)毛坯料的选择

零件的最大外径是 $\phi26$ mm,所以选取毛坯 $\phi30$ mm 圆棒料,材料为 45 号钢。

(2)刀具和夹具

①刀具及其编号:T01 为 90°粗车刀;T02 为 55°精车刀;T03 为 3 mm 宽的切刀。

②夹具的选择。选用三爪自动定心卡盘即可。

③装夹方案。圆柱毛坯外形规整,用三爪自动定心卡盘夹紧毛坯外圆,限制 4 个自由

度,零件处于不完全定位状态,其轴向移动和绕自身轴心线转动 2 个自由度未被限制,但不影响加工要求。为保证 $\phi 26$ mm、$\phi 19$ mm 和长度 80 mm 的尺寸公差,使加工、切断零件不干涉,零件应外露 100 mm 长。

(3)加工路线的确定

该零件分三个工步来完成加工,即先全部粗车,再进行表面精车,然后切断。即,T01:$O-A-B-C-D$ 用循环指令 G73;T02:$O-A-B-C-D$;T03:切断。

(4)计算编程尺寸

各节点坐标计算如下:$A(9.226, -2.505)$,$B(18.39, -50.348)$,$C(19, -73.602)$。

2.加工参数的设定

(1)切削用量

粗车:主轴转速 1000 r/min,进给速度 0.2 mm/r,背吃刀量 1.6 mm。

精车:主轴转速 1000 r/min,进给速度 0.1 mm/r,背吃刀量 0.5 mm。

切断:主轴转速 500 r/min,进给速度 0.05 mm/r,背吃刀量 0.5 mm。

(2)工件坐标系的设定

选取工件的右端面的中心点 O 为工件坐标系的原点。

3.编制加工程序

```
O0047;
N10   G50   X100   Z100;                  (对刀点,也是换刀点)
N20   T0101   M03   S1000   F0.2   M08;
N30   G00   X32   Z2;
N40   G01   Z0   F0.2;
N50   X-1;
N60   G00   X32   Z2;
N70   G73   U8   R5;
N80   G73   P90   Q140   U0.5   F0.2;
N90   G01   X0   F0.2;
N100   G01   Z0;
N110   G03   X9.226   Z-2.505   R5.5;
N120   G03   X18.39   Z-50.348   R51.987;   (R51.987 保证 φ26 mm 的尺寸公差)
N130   G02   X18.983   Z-73.602   R30;      (X18.983 保证 φ19 mm 的尺寸公差)
N140   G01   Z-81;
N150   G04   X100;                          (暂停,按复位按钮,停车测量,把测得的值与图
                                             纸尺寸比较,把两者之差作为磨损输入系统,把
                                             光标移到 M03 下,重新启动)
N160   M03   S1000;
N170   G00   X100   Z100;
N180   T0202;
N190   G70   P90   Q140;
```

N200 G00 X100 Z100;

N210 T0303 S500;   (换 03 号切断刀,切断)

N220 G00 X32 Z-(79.975+切槽刀宽度);(79.975 保证长度 80 mm 尺寸公差)

N230 G01 X-1 F0.05;

N240 G00 X32;   (先退 X 方向)

N250 G00 X100 Z100;

N260 M05 M09;

N270 M30;

4.机床基本操作

(1)激活机床

检查急停按钮是否松开至 ⬤ 状态,若未松开,点击急停按钮 ⬤ ,将其松开。

(2)回参考点

①按动模式键在 ⊕ 位置。如图 2-46 所示。

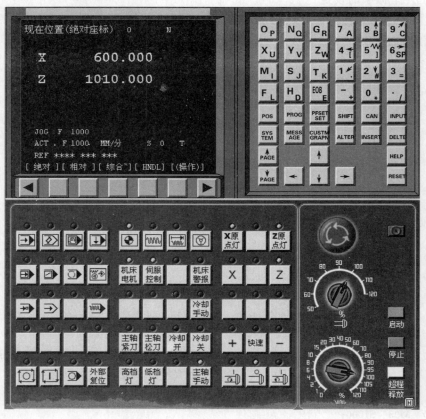

图 2-46 机床回参考点

②选择各轴(X、Z),按住方向按钮,即回参考点。

（3）移动

手动移动机床轴的方法有三种，操作时根据具体情况使用：

方法一　快速移动，这种方法用于较长距离的工作台移动。

①置模式旋钮"JOG"在 位置。

②选择各轴，点击方向键 **+**　**–**，机床各轴移动，松开后停止移动。

③按"快速"键，各轴快速移动。

方法二　增量移动，这种方法用于微量调整，如用在对基准操作中。

①置模式旋钮"JOG"在 位置，选择 **X1**　**X10**　**X100**　**X1000** 步进量。

②选择各轴，每按一次，机床各轴移动一步。

方法三　操纵"手轮" ，这种方法用于微量调整。在实际生产中，使用手轮可以让操作者容易控制和观察机床移动。

（4）开、关主轴

①置模式旋钮"JOG"在 位置。

②按动机床操作面板上的 **主轴正转**、**主轴反转** 按钮来实现机床主轴正、反转；按 **主轴停止** 按钮，主轴停转。

（5）启动程序加工零件

①试运行程序

试运行程序时，机床和刀具不切削零件，仅运行程序。

● 将工作模式置在 模式。

● 选择一个程序（如 O0001）后按 ↓ 按钮调出程序。

● 按程序启动按钮 。

②单步运行

● 置单步开关在"ON"位置。

● 程序运行过程中，每按一次程序启动按钮 执行一条指令。

③MDI 手动数据输入

● 按键切换到"MDI"模式。

● 按 **PROG** 键，再按软键【MDI】→ **EOB E**，分程序段号"N10"，输入程序段如：G0　X50。

● 按 **INSERT** 键，"N10　G0　X50" 程序被输入。

● 按程序启动按钮 执行程序段。

④自动运行

● 置模式旋钮在"AUTO"位置。

● 选择一个程序。

● 按程序启动按钮 ⬜ 执行程度段。

【例 2-6】 用配置 SIEMENS 802D 数控系统的数控车床为如图 2-47 所示零件进行编程加工。

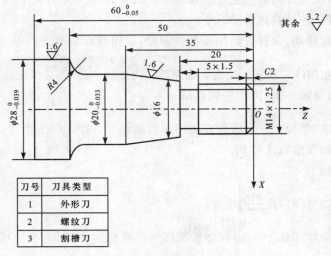

图 2-47 轴零件图

1. 工艺分析

(1)毛坯材料的选择

毛坯材料选用 $\phi 30 \times 100$ mm 的 45 号钢。

(2)刀具和夹具

①刀具及其编号:T01 为车刀;T02 为螺纹刀;T03 为割槽刀。

②夹具的选择:选用三爪自动定心卡盘。

(3)加工路线的确定

该零件分五个工步来完成加工,即先粗车外圆;第二步精车外圆;第三步切槽;第四步车 M14 的细牙螺纹(螺距 $F = 1.25$);最后切断。注意保证 $\phi 28$ mm、$\phi 20$ mm 和长度 60 mm 的尺寸公差。

(4)装夹方案

圆柱毛坯外形规整,用三爪自动定心卡盘夹紧毛坯外圆,限制 4 个自由度,零件处于不完全定位状态,其轴向移动和绕自身轴心线转动 2 个自由度未被限制,但不影响加工要求。为保证 $\phi 28$ mm、$\phi 16$ mm 和长度 60 mm 的尺寸公差,使加工、切断零件时刀具不干涉,零件应外露80 mm 长。

2. 加工参数的设定

(1)切削用量

车端面:主轴转速 1000 r/min,进给速度 0.25 mm/r。

粗车:主轴转速 1000 r/min,进给速度 0.25 mm/r。

精车:主轴转速 1000 r/min,进给速度 0.15 mm/r。

切槽:主轴转速 600 r/min,进给速度 0.10 mm/r。

车螺纹:主轴转速 800 r/min,进给速度 2 mm/r。

切断:主轴转速 800 r/min,进给速度 0.08 mm/r。

(2)工件坐标系的设定

手工对刀,利用刀具形状补偿建立工件坐标系。

3.编制加工程序

主程序名称:TE55.MPF

G54　G90　G18　G71　G23

G75　X0　Z0

M03　S800　F0.3

T1　D1　　　　　　　　　　　　　　(T01 号刀具)

G0　X35　Z5

G1　Z0

X－1

G1　X40　Z2

CYCLE95 ("L102", 1.000, 0.300, 0.300, 0.200, 0.200, 0.200, 0.200, 9, 0.000, 0.000,

1.000)　　　　　　　　　　　　　　(调用循环)

G00　X100

G75　X0　Z0

T3　D1　　　　　　　　　　　　　　(T03 号刀具)

G0　X25　Z－20

G1　X11

G0　X25

Z－18

G1　X11

G0　X100

G75　X0　Z0

T2　D1　　　　　　　　　　　　　　(T02 号刀具)

G0　X14　Z3

CYCLE97 (1.500 , 3, －7.000, －17.000,10.000, 10.000, 2.000, 2.000, 0.975,0.100, 0.000,

0.000, 3.000,2.000, 3, 1.000)　　　(调用循环)

G0　X100

G75　X0　Z0

M05

M30　　　　　　　　　　　　　　　(主程序结束)

子程序名称:L102.SPF

G0　X14　Z2　　　　　　　　　　　(调用子程序)

G1　X10　Z0　F0.3

X14　Z－2

Z－20

X16

X20　Z－35

Z－46

G2　X28　Z－50　CR＝4

G1　Z－60

X36

RET　　　　　　　　　　　　　　　　（回到主程序）

4.机床基本操作

（1）开机

接通机床电源,系统启动以后进入"加工"操作区"JOG"模式,出现"回参考点"窗口。

（2）回参考点

操作步骤如下:

①按 Ref Pot 键,按顺序点击方向键 －X ＋X ,即可自动回参考点,如图 2-48 所示。

②在"回参考点"窗口中显示该坐标轴是否回参考点,出现标记"○"说明坐标未回
参考点,出现标记" "说明坐标已到达参考点。

注:"回参考点"只有在"JOG"模式下才可以进行。

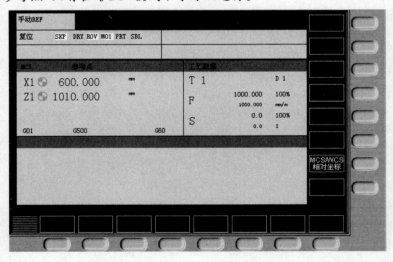

图 2-48　机床回参考点

（3）"JOG"模式

在"JOG"模式下,可以移动机床各轴。如图 2-49 所示,操作步骤如下:

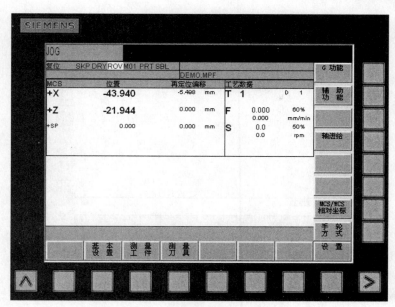

图 2-49 "JOG"模式下移动机床各轴

①选择 ![Jog] 模式。按方向键 ![-X] ![-Z] ![+X] ![+Z],可以移动两轴。这时,移动速度由进给旋钮控制。

②如果用鼠标点击 ![Rapid] 键,则两轴快速移动,再点击一次,则取消快速移动。

③连续按 ![VAR] 键,在显示屏幕左上方显示增量的距离,即 1 inc、10 inc、100 inc、1000 inc(1 inc＝0.001 mm),两轴以增量移动。

(4)"手轮"模式操作步骤

①将工作模式选为"手轮方式"。

②选择 X 轴或 Z 轴,旋转手轮调节移动距离。

(5)MDA 模式(手动输入)

在"MDA"模式下可以编制一个零件程序段加以执行。操作步骤如下:

①选择机床操作面板上的 ![MDA] 键。

②通过操作面板输入程序段。

③按循环启动键 ![CycleStart] 执行输入的程序段。

(6)选择和启动零件程序

操作步骤如下:

①按 ![Auto] 选择自动模式。

②按软键【程序】打开"程序管理"窗口,如图 2-50 所示。

③在第一次选择"程序"操作区时会自动显示"零件程序和子程序目录"。用方位键

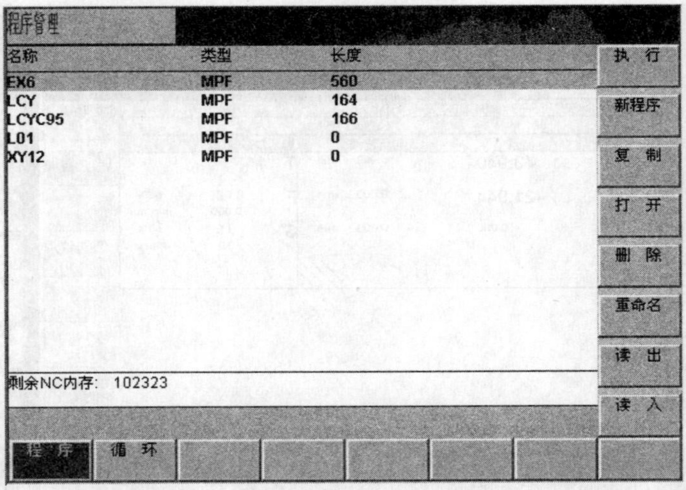

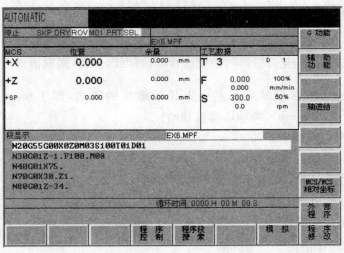

图 2-50 "程序管理"窗口

▲、▼把光标定位到所选的程序上。

④按软键【执行】,选择待加工的程序,被选择的程序名称显示在屏幕区"程序名"下。如图 2-51 所示。

图 2-51 "自动模式"状态图

⑤按软键【程序控制】,可以选择程序的运行状态。

⑥按单步循环键，选择单步循环加工。

⑦按循环启动键，选择连续加工。

注:启动程序之前必须要调整好系统和机床,保证安全。

【例 2-7】 用华中世纪星 HNC-21T 数控系统的车床为如图 2-52 所示零件进行编程加工。

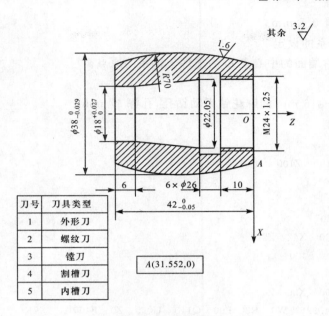

图 2-52　加工零件图

刀号	刀具类型
1	外形刀
2	螺纹刀
3	镗刀
4	割槽刀
5	内槽刀

$A(31.552, 0)$

1. 工艺分析

(1)毛坯材料的选择

毛坯材料选用 $\phi 40 \times 60$ mm 的 45 号钢。

(2)刀具和夹具的选择

①刀具及其编号:T01 为 90° 车刀;T02 为螺纹刀;T03 为内孔镗刀;T04 为割槽刀;T05 为内槽刀。

②夹具的选择。选用三爪自动定心卡盘即可。

③装夹方案。为保证 $\phi 38$ mm、$\phi 18$ mm 和长度 42 mm 的尺寸公差,精车完后用切槽刀切 6 mm 的内槽,棒料伸出三爪自动定心卡盘 57 mm 装夹工件。

(3)加工路线的确定

该零件分八个工步来完成加工,即用 $\phi 16$ mm 的麻花钻钻孔→粗车外圆→精车外圆→粗镗孔→精镗内孔→切内槽→车 M24 的细牙内螺纹(螺距 $F = 1.5$)→切断。

2. 加工参数的设定

(1)切削用量

粗车:主轴转速 600 r/min,进给速度 0.2 mm/r。

精车:主轴转速 1000 r/min,进给速度 0.05 mm/r。

T02:主轴转速 200 r/min。

T04:主轴转速 200 r/min,进给速度 0.05 mm/r。

T05:主轴转速 500 r/min,进给速度 0.2 mm/r。

用 G73 进行外圆粗加工时,单边粗车吃刀量 1.6 mm,$U = 1.6$,R 车削次数为 5 次,精车余量 0.5 mm;用 G71 进行内孔粗加工时,单边粗车吃刀量 1 mm,$U = 1$,退刀量的值

0.5 mm,精车余量 0.5 mm。

(2)工件坐标系的设定

选取工件的右端面的中心点 O 为工件坐标系的原点。

(3)手动钻孔

夹好工件,用 ϕ16 mm 的麻花钻手动钻孔,孔深 47 mm。

3.程序的编制

O0044

N10　G92　X100　Z100

N20　M06　T0101

N25　G04　P3

N30　M03　M07

N40　G90　G00　X42　Z2

N50　G01　Z0　F400

N60　X15

N70　G90　G00　X50　Z6

N80　G73　U4.225　W0　R3　P90　Q110　U0.5　Z0　F400

N90　G01　X31.552　Z6　F100

N100　Z0

N110　G03　X30.91　Z−43　R70

N130　T0100

N140　M05　M00

N150　M06　T0303

N160　G90　G00　X15　Z4

N170　G71　U1　W0　R1　P180　Q230　X−0.5　Z0　F400

N180　G01　X24.38　Z4　F100

N185　Z0

N190　X22.38　Z−1

N200　Z−16

N210　X22.05

N220　X18.018　Z−36

N230　Z−44

N250　T0300

N260　M05　M00

N270　M06　T0505

N280　G90　G00　X15

N290　Z−16

N300　G01　X26　F50

N310　G04　P1

N320　G90　G00　X15

N330　Z−14

N340　G01　X26　F50

```
N350    G04    P1
N360    G90    G00    X18
N370    Z100
N380    X100
N382    T0500
N386    M05    M00
N390    M06    T0202
N396    G04    P3
N398    M03
N400    G90    G00    X18    Z4
N410    G82    X22.85    Z-12    F1.5
N420    G82    X23.45    Z-12    F1.5
N430    G82    X23.75    Z-12    F1.5
N440    G82    X23.95    Z-12    F1.5
N450    G82    X24.0    Z-12    F1.5
N455    G82    X24.0    Z-12    F1.5
N460    G90    G00    Z100
N470    X100
N472    T0200
N476    M05    M00
N480    M06    T0404
N485    G04    P3
N488    M03
N490    G90    G00    X42    Z-45.975
N500    G01    X15    F200
N510    G90    G00    X100    Z100
N520    T0400
N530    M05    M09
N540    M30
```

4. 操作与加工

(1)激活机床

检查急停按钮是否松开至 ⟳ 状态,若未松开,点击急停按钮 ⊙ ,将其松开。

(2)回参考点

检查操作面板上回零指示灯是否亮,若指示灯亮,则已进入回零模式;若指示灯不亮,则点击 回零 按键,使回零指示灯亮,转入回零模式。

在回零模式下,点击控制面板上的 +X 按键,按一下即可,此时 X 轴将回零,CRT 上的 X 坐标变为"0.000"。同样,分别再点击 +Y 、 +Z ,可以将 Y、Z 轴回零。此时 CRT 界面如图 2-53 所示。

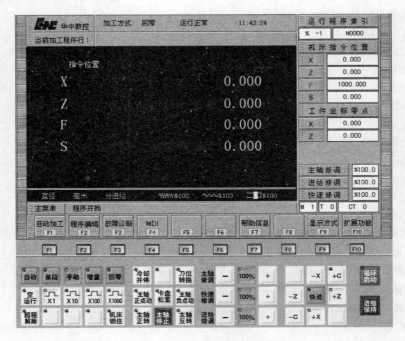

图 2-53 CRT 界面上的显示值

注:(1) 在每次电源接通后,必须先用这种方法完成各轴的返回参考点操作,然后再进入其他运行方式,以确保各轴坐标的正确性。

(2) 在回参考点前,应确保回零轴位于参考点的"回参考点方向"相反侧,否则应手动移动该轴直到满足此条件。

(3)方式选择

机床的工作方式由手持单元和控制面板上的方式选择类按键共同决定。方式选择类按键及其对应的机床工作方式如下:

① **自动**:自动运行方式;

② **单段**:单程序段执行方式;

③ **手动**:手动连续进给方式;

④ **增量**:增量/手摇脉冲发生器进给方式;

⑤ **回零**:返回机床参考点方式。

其中,按下 **增量** 按键时,根据手持单元的坐标轴选择波段开关位置,对应两种机床工作方式:

● 波段开关置于"Off"挡:增量进给方式;

● 波段开关置于"Off"挡之外:手摇脉冲发生器进给方式。

注:控制面板上的方式选择类按键互锁,即按一下其中一个指示灯亮,其余几个会失效,

指示灯灭。系统启动复位后默认工作方式为回零。当某一方式有效时相应按键指示灯亮。

（4）手动进给

①手动进给

按一下 手动 按键（指示灯亮），系统处于手动运行方式，可手动移动机床坐标轴，下面以手动移动 X 轴为例说明。

● 按压 +X 或 −X 按键（指示灯亮），X 轴将产生正向或负向连续移动。

● 松开 +X 或 −X 按键（指示灯灭），X 轴即减速停止。

用同样的操作方法使用 +Z 、 −Z 按键，可以使 Z 轴产生正向或负向连续移动。同时按压 X 向和 Z 向的轴手动按键，可同时手动连续移动 X 轴、Z 轴。

在手动连续进给方式下，进给速率为系统参数"最高快移速度"的 1/3 乘以进给修调选择的进给倍率。

②手动快速移动

在手动连续进给时，若同时按压 快进 按键，则产生相应轴的正向或负向快速运动。手动快速移动的速率为系统参数"最高快移速度"乘以快速修调选择的快移倍率。

（5）增量进给及增量值选择

①增量进给

当手持单元的坐标轴选择波段开关置于"Off"挡时，按一下控制面板上的 增量 按键（指示灯亮），系统处于增量进给方式，可增量移动机床坐标轴，下面以增量进给 X 轴为例说明。

按一下 +X 或 −X 按键（指示灯亮），X 轴将向正向或负向移动一个增量值；再按一下 +X 或 −X 按键，X 轴将向正向或负向继续移动一个增量值。

用同样的操作方法使用 +Z 、 −Z 按键，可以使 Z 轴向正向或负向移动一个增量值。同时按一下 X 向和 Z 向的轴手动按键，每次能同时增量进给 X 轴、Z 轴。

②增量值选择

增量进给的增量值由"×1"、"×10"、"×100"、"×1000"四个增量倍率按键控制。增量倍率按键和增量值的对应关系见表 2-5。

表 2-5　　　　增量倍率按键和增量值的对应关系

增量倍率按键	×1	×10	×100	×1000
增量值/mm	0.001	0.01	0.1	1

（6）手摇进给及增量值选择

① 手摇进给

当手持单元的坐标轴选择波段开关置于 X、Z 挡时，按一下控制面板上的 增量 按键（指示灯亮),系统处于手摇进给方式,可手摇进给机床坐标轴,下面以手摇进给 X 轴为例说明。

● 手持单元的坐标轴选择波段开关置于 X 挡;

● 手动顺时针/逆时针旋转手摇脉冲发生器一格,X 轴将向正向或负向移动一个增量值。

用同样的操作方法使用手持单元,可以使 Z 轴正向或负向移动一个增量值。

手摇进给方式每次只能增量进给一个坐标轴。

②增量值选择

手摇进给的增量值(手摇脉冲发生器每转一格的移动量)由手持单元的增量倍率波段开关"×1"、"×10"、"×100"控制。增量倍率波段开关的位置和增量值的对应关系见表 2-6。

表 2-6 增量倍率波段开关的位置和增量值的对应关系

位置	×1	×10	×100
增量值/mm	0.001	0.01	0.1

(7)自动运行

按一下 [自动] 按键(指示灯亮),系统处于自动运行方式,机床坐标轴的控制由 CNC 自动完成。

①自动运行循环启动

在自动方式下,在系统主菜单下按软键【运行控制 F2】进入自动加工子菜单,再按软键【程序 F1】选择要运行的程序,然后按一下 [循环启动] 按键(指示灯亮),自动加工开始。

注:适用于自动运行方式的按键同样适用于 MDI 运行方式和单段运行方式。

②自动运行暂停——进给保持

在自动运行过程中,按一下 [进给保持] 按键(指示灯亮),程序执行暂停,机床运动轴减速停止。暂停期间,辅助功能 M、主轴功能 S、刀具功能 T 保持不变。

③进给保持后的再启动

在自动运行暂停状态下,按一下 [循环启动] 按键,系统将重新启动,从暂停前的状态继续运行。

④空运行

在自动方式下,按一下 [空运行] 按键(指示灯亮),CNC 处于空运行状态。程序中编制的进给速率被忽略,坐标轴以最大快移速度移动。空运行不做实际切削,目的在确认切削路径及程序。在实际切削时,应关闭此功能,否则可能会造成危险。此功能对螺纹切削无效。

⑤机床锁住

禁止机床坐标轴动作。在自动运行开始前,按一下 [机床锁住] 按键(指示灯亮),再按 [循环启动] 按键,系统继续执行程序,显示屏上的坐标轴位置信息变化,但不输出伺服轴的移动指令,所以机床停止不动,这个功能用于校验程序。

注:(1)即便是 G28、G29 功能,刀具也不能不运动到参考点;

(2)机床辅助功能 M、S、T 仍然有效;

（3）在自动运行过程中，按 机床锁住 按键，机床锁住无效；

（4）在自动运行过程中，只在运行结束时，方可解除机床锁住。

（5）每次执行此功能后，需再次进行回参考点操作。

（8）单段运行

按一下 单段 按键，系统处于单段自动运行方式（指示灯亮），程序控制将逐段执行。

①按一下 循环启动 按键，运行一个程序段，机床运动轴减速停止，刀具、主轴电机停止运行；

②再按一下 循环启动 按键，又执行下一个程序段，执行完后又再次停止。

在单段运行方式下，适用于自动运行的按键依然有效。

（9）超程解除

在伺服轴行程的两端各有一个极限开关，作用是防止伺服机构碰撞而损坏。每当伺服机构碰到行程极限开关时，就会出现超程。当某轴出现超程（超程解除 按键指示灯亮）时，系统视其状况为紧急停止，要退出超程状态时，必须做到以下几点：

①松开"急停"按钮，置工作方式为"手动"或"手摇"方式。

②一直按压着 超程解除 按键（控制器会暂时忽略超程的紧急情况）。

③在手动（手摇）方式下，使该轴向相反方向退出超程状态。

④松开 超程解除 按键。

若显示屏上运行状态栏"运行正常"取代了"出错"，表示恢复正常，可以继续操作。

注：在移回伺服机构时请注意移动方向及移动速率，以免发生撞机。

（10）手动机床动作控制

①主轴正转

在手动方式下，按一下 主轴正转 按键（指示灯亮），主轴电机以机床参数设定的转速正转。

②主轴反转

在手动方式下，按一下 主轴反转 按键（指示灯亮），主轴电机以机床参数设定的转速反转。

③主轴停止

在手动方式下，按一下 主轴停止 按键（指示灯亮），主轴电机停止运转。

④主轴点动

在手动方式下，可用 主轴正点动 、主轴负点动 按键，点动转动主轴。按下 主轴正点动 或 主轴负点动 按键（指示灯亮），主轴将产生正向或负向连续转动；松开 主轴正点动 或 主轴负点动 按键（指示灯灭），主轴即减速停止。

⑤刀位转换

在手动方式下，按一下 刀位转换 按键，转塔刀架转动一个刀位。

⑥冷却启动与停止

在手动方式下,按一下 $\boxed{\text{冷却开停}}$ 按键,冷却液开(默认值为冷却液关),再按一下又为冷却液关,如此循环。

⑦卡盘松紧

在手动方式下,按一下 $\boxed{\text{卡盘松紧}}$ 按键,松开工件(默认值为夹紧),可以进行更换工件操作;再按一下为夹紧工件,可以进行加工工件操作,如此循环。

实训参考题

一、填空题

1.夹具夹紧力的确定应包括夹紧力的_____、_____和_____三个要素。

2.常用做车刀材料的硬质合金有_____和_____两类。

3.专用夹具主要由_____、_____、_____、_____四部分组成。

4.切削力的轴向分力是校核机床_____的主要依据。

5.数控机床坐标轴的移动控制方式有_____ 、_____、_____三种。

6.每一道工序所切除的_____,称为工序间的加工余量。

7.要使车床能保持正常的运转和减少磨损,必须经常对车床的所有_____部分进行_____。

8.划线要求划出的线条除_____外,最重要的是要保证_____。

9.在数控机床上对刀可以用_____对刀,也可以用_____对刀。

二、判断题

1.每一指令脉冲信号使机床移动部件产生的位移量称脉冲当量。( )

2.数控机床坐标轴一般采用右手定则来确定。( )

3.检测装置是数控机床必不可少的装置。( )

4.对于任何曲线,即可以按实际轮廓编程,应用刀具补偿加工出所需要的廓形。( )

5.数控机床既可以自动加工,也可以手动加工。( )

6.车床的进给方式分每分钟进给和每转进给两种,一般可用 G94 和 G95 来区分。( )

7.所谓尺寸基准是标准尺寸的起点。( )

8.数控机床加工的加工精度比普通机床高,是因为数控机床的传动链较普通机床的传动链长。( )

9.在开环控制系统中,数控装置发出的指令脉冲频率越高,则工作台的位移速度越慢。( )

10.点位控制的数控机床只要控制起点和终点位置,对加工过程中的轨迹没有严格要求。( )

11.滚珠丝杠虽然传动效率高,精度高,但不能自锁。( )

12.加工多头螺纹时,加工完一条螺纹后,加工第二条螺纹的起点相隔一个导程。( )

13.不带有位移检测反馈的伺服系统称半闭环控制系统。( )

14.进给功能一般是用来指令机床主轴的转速。( )

15.编程坐标系是编程人员在编程过程中所用的坐标系,其坐标系的建立与所使用机床的坐标系相一致。( )

16.数控机床伺服系统的作用是把来自数控装置的脉冲信号转换成机床移动部件的运动。( )

三、实践操作题

编制如图 2-54(a)～(e)所示零件数控加工工艺、程序,并上机操作加工或数控仿真加工(零件材料 45,单件生产)。要求如下:

1.计算出图中标出的各节点的坐标值。

2.列出所用刀具和加工顺序。

3.编制出加工程序。

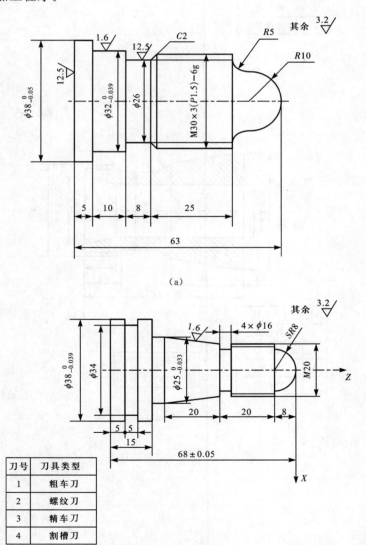

(a)

刀号	刀具类型
1	粗车刀
2	螺纹刀
3	精车刀
4	割槽刀

(b)

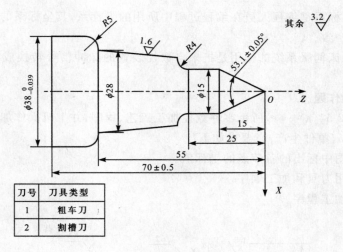

刀号	刀具类型
1	粗车刀
2	割槽刀

(c)

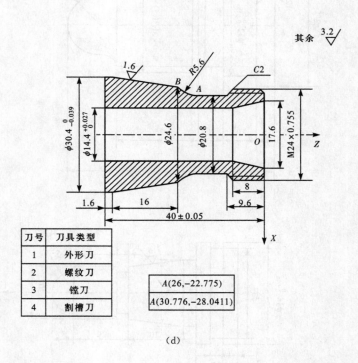

刀号	刀具类型
1	外形刀
2	螺纹刀
3	镗刀
4	割槽刀

A(26,−22.775)
A(30.776,−28.0411)

(d)

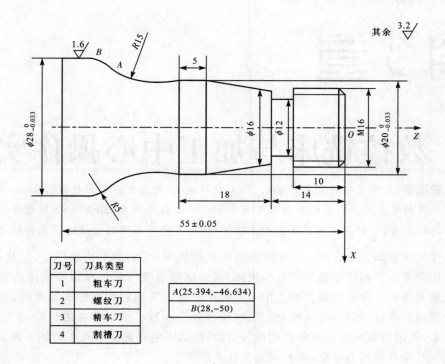

刀号	刀具类型
1	粗车刀
2	螺纹刀
3	精车刀
4	割槽刀

A(25.394,−46.634)
B(28,−50)

（e）

图 2-54　零件图

第3章

数控铣床与加工中心操作实训

本章摘要：本章主要讲述数控铣床、加工中心概况，重点介绍常用数控铣床、加工中心的操作及工件加工方法。要求能够熟练掌握 FANUC 数控系统和 SIEMENS 数控系统的操作方法及编程方法，了解华中世纪星数控系统的功能，并能用正确的方法进行零件的加工。

数控铣床及加工中心是一种功能很强的数控机床，它们加工范围广、工艺复杂、涉及的技术问题多。目前迅速发展的数控铣床、柔性制造系统等都是在数控铣床的基础上产生和发展起来的。数控铣床及加工中心主要用于加工平面和曲面轮廓的零件，还可以加工复杂型面的零件，如凸轮、样板、模具、螺旋槽等。同时也可对零件进行钻、扩、绞、锪和镗孔加工，但因数控铣床不具备自动换刀功能，所以不能完成复杂孔系的加工要求。而加工中心则具备自动换刀功能，能完成复杂孔系的加工。

3.1 数控铣床与加工中心基本操作

3.1.1 工件的安装

在机床上加工工件时，为保证工件加工精度，首先必须正确装夹工件。使用机床夹具来准确地确定工件与刀具的相对位置，将工件定位及夹紧，以完成加工所需要的相对运动。

1.机床用虎钳的结构、使用与维护

虎钳作为机床常用附件安装在机床工作台上，可用来加工各种外形简单的工件。它也是同类通用可调整夹具的基本类型。

(1)基本结构

机床用平口虎钳结构如图 3-1 所示，它由固定部分 1、活动部分 5 以及两个导轨 3 等主要部分组成。在固定部分及活动部分上分别安装钳口 2、4，整个虎钳靠分度底座 8、螺栓螺母 7 固定在水平面上的任一角度位置。当操纵手柄转动螺杆 6 时，即可通过丝杆螺母带动活动部分做夹紧或松开移动。机床用平口

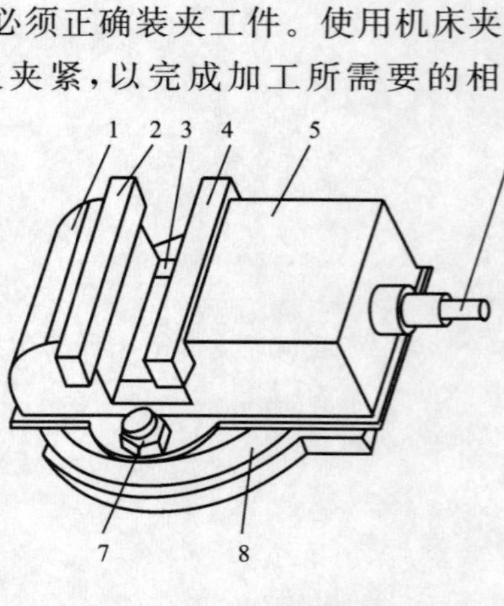

图 3-1 机床用平口虎钳
1—固定部分；2、4—钳口；3—导轨；5—活动部分；
6—螺杆；7—螺栓螺母；8—分度底座

虎钳规格见表 3-1。

表 3-1　　　　　　　　　　　　机床用平口虎钳规格

规格名称	规格					
	100	125	136	160	200	250
钳口宽度	100	125	136	160	200	250
钳口最大张开量	80	100	110	125	160	200
钳口高度	38	44	36	50(44)	60(56)	56(60)
定位键宽度	14	14	12	18(14)	18	18

（2）机床用平口虎钳的使用方法与维护

正确的使用方法，应使用定制的机床用平口虎钳扳手，在限定的力臂范围内用手扳紧施力。不得使用自制加长手柄，加套管接长力臂或用重物敲击手柄，否则，可能造成虎钳传动部分的损坏。如丝杆弯曲、螺母过早磨损或损坏，甚至会使螺母内螺纹崩牙、丝杆固定端产生裂纹等，严重的还会损坏虎钳活动部分和虎钳体。

机床用平口虎钳的定位面，是由虎钳体上的固定钳口侧平面和导轨上平面组成的。使用时应注意定位侧面与工作台面的垂直度和导轨上平面与工作台面的平行度。

机床用平口虎钳的虎钳体与回转底盘由铸铁制成，使用回转底盘时，各贴合面之间要保持清洁，否则会影响虎钳的定位精度。在使用回转盘上的刻度前，应首先找正，使固定钳口与工作台某一进给方向平行，然后再调整使用回转刻度。

由于铣削振动等因素影响，机床用平口虎钳各紧固螺钉，如固定钳口和活动钳口的紧固螺钉、活动座的压板紧固螺钉、丝杆的固定板和螺母的紧固螺钉以及定位键的紧固螺钉等会发生松动现象，应注意检查并及时紧固。

机床用平口虎钳的钳口可以制成多种形式，更换不同形式的钳口，可扩大机床用平口虎钳的使用范围，如图 3-2 所示。

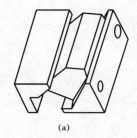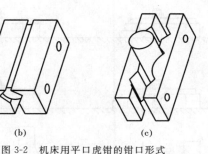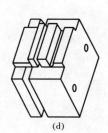

（a）　　　　　　　　（b）　　　　　　　　（c）　　　　　　　　（d）

图 3-2　机床用平口虎钳的钳口形式

2．压板的使用

在铣床上装夹工件的夹具除平口虎钳外还有压板和压紧螺栓、阶梯垫块、平行垫块、挡铁、V 形架等。

（1）压板和压紧螺栓

为了满足装夹不同形状的工件需要，压板也做成多种形式，如图 3-3 所示是压板和压紧螺栓的几种形式。压板的装夹方法如图 3-4 所示。

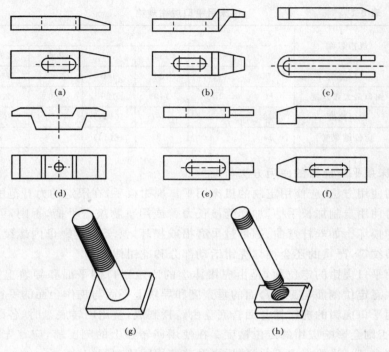

图 3-3 压板和压紧螺栓的几种形式

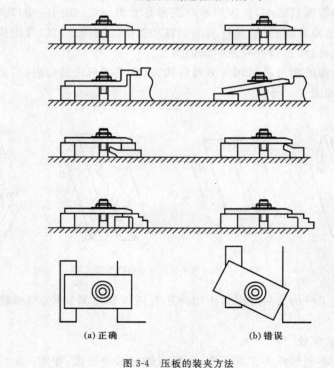

图 3-4 压板的装夹方法

（2）阶梯垫块

阶梯垫块是搭压各种不同高度工件时使用的。压板的一端搭在工件上,另一端放在阶梯垫块的阶梯上,如图 3-5 所示。

（3）平行垫铁

平行垫铁是一组相同尺寸的长方形垫铁,具有较高的平行度和光整的四个表面,用来垫高或垫实工件的已加工表面,如图 3-6 所示。

（4）挡铁

如图 3-7 所示为挡铁。它们用来在工作台上装夹工件时挡住工件,以支承夹紧力或切削力。挡铁下面的方榫用来在 T 形槽内定位,紧固螺栓穿过圆孔或长圆形孔可将其固定在工作台上。

（5）V 形架（V 形铁）

V 形架是用碳钢或铸铁制成的。V 形面的内角为 90°或 120°,各个表面均经过精确地磨削修正,具有很高的平面度和平行度。对圆柱形工件进行加工或划线时,一般都是利用 V 形架来装夹定位的。如图 3-8 所示。

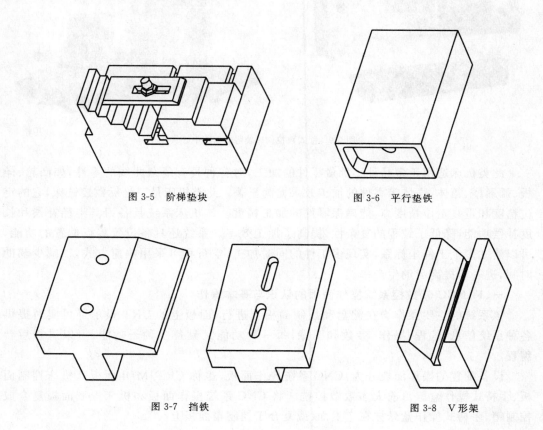

图 3-5 阶梯垫块   图 3-6 平行垫铁

图 3-7 挡铁   图 3-8 V 形架

3.1.2 FANUC 0i 系统数控铣床与加工中心的认识与 基本操作

如图 3-9 所示为某种立式数控铣床及卧式加工中心,配有 FANUC 0i 数控系统,采用全数字交流伺服驱动。加工时,首先,按照待加工零件的尺寸及工艺要求,编制成数控加工程序,然后,通过控制面板上的操作键盘输入计算机,计算机经过处理发出脉冲信号,该信号经过驱动单元放大后驱动伺服电机,以实现机床的 X、Y、Z 三个坐标轴联动功能,完成各种复杂形状工件的加工。

图 3-9 立式数控铣床及卧式加工中心

此类机床适用于多品种小批量零件的加工,对各种具有复杂曲线的零件,如凸轮、样板、弧形槽、箱体、壳体等零件的加工效果尤为显著。此类机床是三坐标数控铣床,它的定位精度和重复定位精度高,能确保零件的加工精度。该机床系统具备刀具半径补偿和长度补偿功能,降低了编程的复杂性,提高了加工效率。系统还具备设置零点偏置的功能,可以建立多个工件坐标系,实现多工件的同时加工,空行程可采用快速方式,以减少辅助时间,进一步提高劳动生产率。

一、FANUC 0i 数控系统操作面板的认识与基本操作

该系统的主要操作均在键盘和控制面板上进行,面板上的 CRT 显示屏可实时提供各种系统信息、编程、操作、参数和图像,每一种功能又具备多种子功能,可以进行后台编程。

设备配置的操作面板分为:CNC 系统操作面板(也称 CRT/MDI 面板)、机床控制面板、手持式操作盒。目前大多数数控铣床将 CNC 系统操作面板和机床控制面板复合成控制箱,手持式操作盒悬挂在它上面(或复合于控制箱面板上)。

FANUC 0i 数控系统操作面板如图 3-10 所示,各键功能说明见表 3-2。

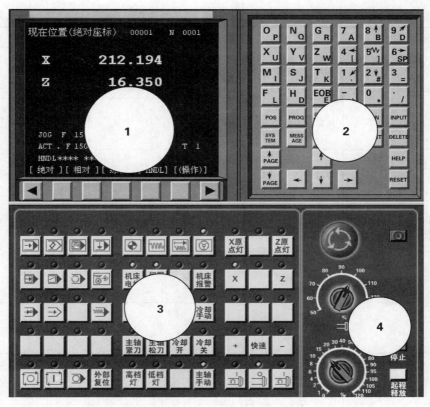

图 3-10　FANUC 0i 数控系统操作面板

①——CRT 显示器；②——MDI 键盘；③——操作面板；④——控制箱

表 3-2 各键功能说明

图标	说明	图标	说明
手动状态图标	手动状态	↑ ↓ ← →	方位键
X , Y , Z	选择三个坐标轴	↑PAGE ↓PAGE	上、下翻页
+ , −	坐标轴运动正负方向	SHIFT	上档键
手动脉冲图标	手动脉冲按钮	MDI图标	MDI 方式
手轮图标	手轮及倍率开关	INSERT	插入方式

（续表）

图标	说明	图标	说明
	自动运行按钮	INPUT	输入方式
	循环启动按钮	CAN	回行删除
 启动	启动按钮	DELETE	删除
	急停按钮	EOB E	代表结束符";"
	回参考点模式	ALTER	字符替换
	编辑状态	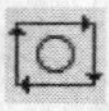	暂停按钮
PROG	显示编辑页面		停止按钮
	主轴正转、反转与停止		"单节"按钮
POS	显示主画面		"单节跳过"按钮
OFFSET SETTING	显示刀具参数页面	RESET	复位

二、程序的输入

点击操作面板上的 [图标] 按钮，编辑状态指示灯变亮，此时已进入编辑状态。点击 MDI 键盘上的 [PROG] 键，CRT 界面转入编辑页面，此时可以用手动输入程序。如果系统中已经存在程序，按软键【操作】，在出现的下级子菜单中按软键 ▶ ，可出现软键【F 检索】，按此软键，在弹出的对话框中选择所需的 NC 程序，按软键【打开】确认。在同一级菜单中，按软键【读入】，点击 MDI 键盘上的数字/字母键，例如：输入"O01"，按软键【执行】，则数控程序显示在 CRT 界面上。

三、参考点与坐标系的建立

在 MDI 键盘上点击 [图标] 键三次，进入坐标系参数设定界面，按软键【操作】，点击 MDI

键盘上的数字/字母键,输入"0x",(01 表示 G54,02 表示 G55,依此类推)按软键【NO 检索】,光标停留在选定的坐标系参数设定区域,如图 3-11 所示。用方位键↑、↓、←、→选择所需的坐标系和坐标轴。利用 MDI 键盘输入通过对刀得到的工件坐标原点在机床坐标系中的坐标值。设通过对刀得到的工件坐标原点在机床坐标系中的坐标值为(−500,−415,−404),则首先将光标移到 G54 坐标系 X 的位置,在 MDI 键盘上输入"−500.000",按软键【输入】或按 INPUT 键,将参数输入到指定区域。按 CAN 键可逐字删除输入区域中的字符。点击↓键,将光标移到 Y 的位置,输入"−415.00",按软键【输入】或按 INPUT 键,将参数输入到指定区域。同样可以输入 Z 的值。此时 CRT 界面如图 3-12 所示。

WORK COONDATES O N	WORK COONDATES O N
(G54)	(G54)
番号 数据 番号 数据	番号 数据 番号 数据
00 X 0.000 02 X 0.000	00 X 0.000 02 X 0.000
(EXT) Y 0.000 (G55) Y 0.000	(EXT) Y 0.000 (G55) Y 0.000
Z 0.000 Z 0.000	Z 0.000 Z 0.000
01 X 0.000 03 X 0.000	01 X −500.000 03 X 0.000
(G54) Y 0.000 (G56) Y 0.000	(G54) Y −415.000 (G56) Y 0.000
Z 0.000 Z 0.000	Z −404.000 Z 0.000
>	>
EDIT**** *** ***	EDIT**** *** ***

图 3-11　参考点的建立　　　　　　　　图 3-12　坐标系的建立

注:X 坐标值为 −100,需输入"X − 100.000";若输入"X − 100",则系统默认为 −0.100。

四、刀具安装与对刀操作

光电式寻边器(或刀具)如图 3-13 所示,其触头直径为 6 mm。用光电式寻边器对刀时先点击操作面板上的手动按钮,使其指示灯变亮,机床进入手动加工状态。

图 3-13　光电式寻边器

利用操作面板上的 X 、 Y 、 Z 按钮和 + 、 − 按钮,将机床移到如图 3-14 的大致位置;首先对 X 轴方向的基准,将基准工具移动到如图 3-15 所示的位置,点击操作面板上的手动脉冲按钮,使手动脉冲指示灯变亮,采用手动脉冲方式精确地移动机床,将手轮对应轴旋钮置于 X 挡,调节手轮进给速度旋钮,旋转手轮使寻边器触头接近工件。当其上的指示灯闪烁时说明触头已经碰到工件了,记下此时 CRT 中的 X 坐标,设此时基准工具中心的 X 坐标为 -298.160。同样操作假设可得到工件中心的 Y 坐标为 -437.726。将需要用的刀具安装在主轴上,用 Z 向设定器(图 3-16)进行 Z 向对刀,如图 3-17 所示,如果此时 CRT 显示器上 Z 值为 -220.120,那么工件坐标系的原点 O 的坐标计算方法如下:

$$X=(-298.160-3-50)\text{mm}=-351.160 \text{ mm}$$
$$Y=(-437.726-3-45)\text{mm}=-485.726 \text{ mm}$$
$$Z=(-220.120-50)\text{mm}=-270.120 \text{ mm}$$

此时得到的坐标(-351.160,-485.726,-270.120)即为工件坐标系原点在机床坐标系中的坐标值。

图 3-14　机床的初始位置

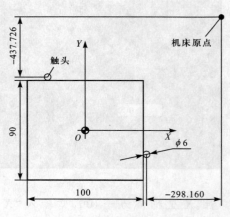

图 3-15　对 X 轴方向的基准

图 3-16　Z 向设定器

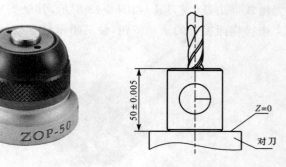

图 3-17　Z 向对刀

3.1.3　SIEMENS 802D 数控系统操作面板的认识与基本操作

一、SIEMENS 802D 数控系统操作面板的认识

SIEMENS 802D 数控系统操作面板如图 3-18 所示,各键功能说明见表 3-3。

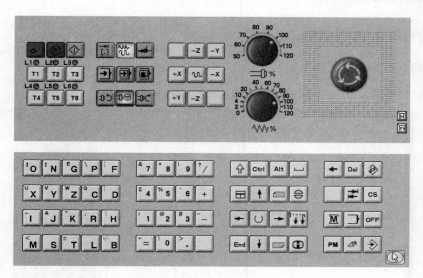

图 3-18 SIEMENS 802D 数控系统操作面板

表 3-3 各键功能说明

图标	说明	图标	说明
	急停按钮		进入 MDA 方式按键
	进入"回参考点"模式		循环启动键
	在手动模式下各轴正方向运动,在回参考点模式下各轴分别回零		自动方式键
	"程序操作区"按键		翻页按键
	进入"手动"方式按键		确定按键
	主轴正转、反转与停止		复位按键
	选择键		主轴倍率旋钮
	移动光标键		进给倍率旋钮
OFF	进入参数设置界面按键	PM	进入程序管理界面按键
M	进入手动操作界面按键		

二、程序的输入

程序输入的操作步骤如下：

(1)按下 PM 键,进入程序管理界面,如图 3-19 所示。

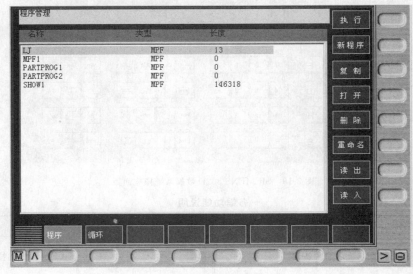

图 3-19　程序管理界面

按软键【新程序】,则弹出"新程序"对话框,如图 3-20 所示。

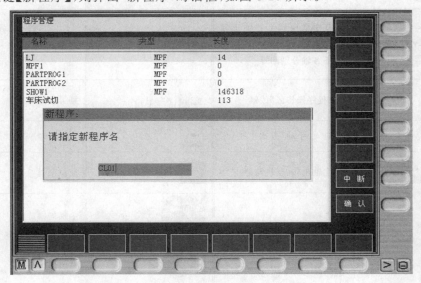

图 3-20　"新程序"对话框

　(2)输入程序名,若没有扩展名,自动添加". MPF"为扩展名,而子程序扩展名为
". SPF"需随文件名一起输入。

　(3)按软键【确认】,则生成新程序文件,并进入到编辑界面,如图 3-21 所示。

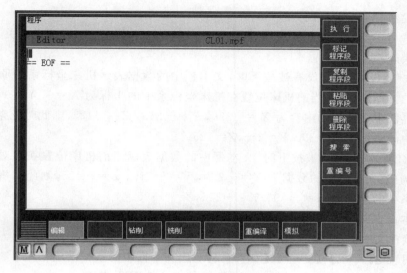

图 3-21 编辑界面

(4)若按软键【中断】,将关闭"新程序"对话框并返回到程序管理界面。

注:输入新程序名必须遵循以下原则:

(1)开始的两个符号必须是字母;

(2)其后的符号可以是字母,也可以是数字或下划线;

(3)最多为 16 个字符;

(4)不得使用分隔符。

三、参考点与坐标系的建立

参考点与坐标系的建立操作步骤如下:

(1)按 [插图] 键切换到手动方式或按 [插图] 键切换到 MDA 方式。

(2)按软键【基本设定】,系统进入到如图 3-22 所示的界面。

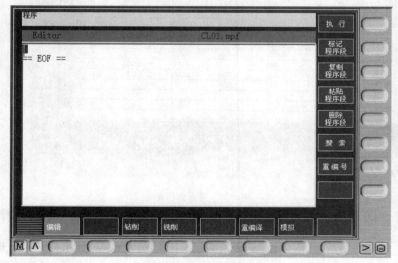

图 3-22 基本设定界面

①设置基本零点偏移的方式

设置基本零点偏移方式分为软键【设置关系】被按下的方式和软键【设置关系】没有被按下的方式。

● 当软键【设置关系】没有被按下时,文本框中的数据表示机床坐标系的原点在相对坐标系中的坐标。例如:当前机床位置在机床坐标系中的坐标为 $X=0$, $Y=0$, $Z=0$,而基本设定界面中文本框的内容为 $X=-390$, $Y=-215$, $Z=-125$,则此时机床位置在相对坐标系中的坐标为 $X=390$, $Y=215$, $Z=125$。

● 当软键【设置关系】被按下时,文本框中的数据表示当前机床位置在相对坐标系中的坐标。例如:文本框中的数据为 $X=-390$, $Y=-215$, $Z=-125$,则此时机床位置在相对坐标系中的坐标为 $X=-390$, $Y=-215$, $Z=-125$。

②基本设定的操作方法

● 直接在文本框中输入数据。

● 使用软键【X=0】、【Y=0】、【Z=0】,将对应文本框中的数据设成零。

● 使用软键【X=0】、【Y=0】,将所有文本框中的数据设成零。

● 使用软键【删除基本零偏】,用机床坐标系原点来设置相对坐标系原点。

● 输入和修改零点偏移值。

a.若当前不是在参数操作区,按 MDI 键盘上的 OFF 键,切换到参数操作区。

b.若参数操作区显示的不是零点偏移界面,按软键【零点偏移】切换到零点偏移界面,如图 3-23 所示。

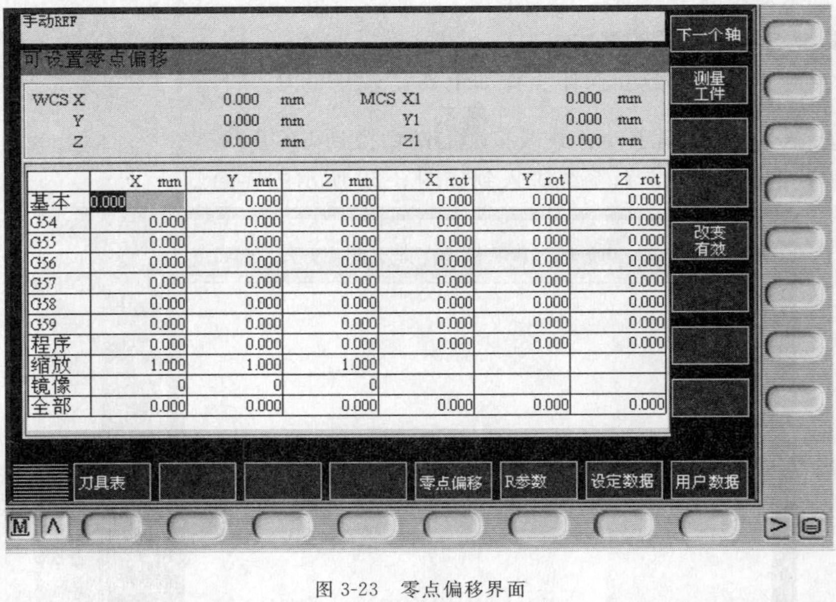

图 3-23 零点偏移界面

c. 使用 MDI 键盘上的光标键定位到要修改的数据的文本框上(其中"程序"、"缩放"、"镜像"和"全部"等几栏为只读),输入数值,按 INPUT 键或移动光标,系统将显示软键【改变有效】,此时输入的新数据还没有生效(在程序实现时可以使软键【改变有效】始终处于显示状态)。

d. 按软键【改变有效】使新数据生效。

四、刀具安装与对刀操作

刀具安装与对刀操作的方法参见 FANUC 0i 数控系统刀具安装与对刀操作方法。

3.1.4　华中世纪星 HNC-21M 数控系统操作面板的认识与基本操作

一、华中世纪星 HNC-21M 数控系统操作面板的认识

华中世纪星 HNC-21M 数控系统操作面板如图 3-24 所示,各键功能说明见表 3-4。

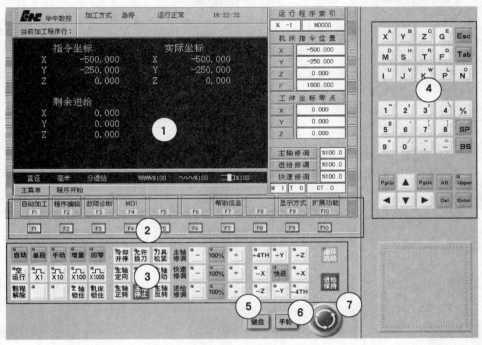

图 3-24　华中世纪星 HNC-21M 数控系统操作面板

①—CRT 显示;②—横排软键;③—操作箱;④—键盘;⑤—打开/关闭键盘;⑥—打开手轮;⑦—急停按钮

表 3-4　各键功能说明

图标	说明	图标	说明
急停按钮图标	急停按钮	MDI运行 F6	进入 MDI 运行
回零	进入回零模式按键	循环启动	循环启动按钮
+X +Y +Z	回零模式下可以将 X、Y、Z 轴回零,手动模式下移动主轴或工作台	刀具表 F2	【刀具表】软键

(续表)

图标	说明	图标	说明
手动	切换到"手动"方式按键	▲ ▼ ◄ ►	方向键
增量	点动方式移动机床按键	Esc	放弃上一步操作按键
X1 X10 X100 X1000	点动的倍率,分别为 0.001 mm,0.01 mm, 0.1 mm,1 mm	刀补表 F3	进入参数设定页面
 手轮移动量旋钮和手轮	手轮移动量旋钮和手轮	选择编辑程序 F2	弹出菜单"磁盘程序"
主轴反转 主轴反转 主轴停止	手动主轴正转、反转与停止	程序编辑 F2	进入程序编辑状态
Enter	确认键	Tab	命令按钮间切换
MDI F4	进入 MDI 参数设置界面	Del	可删除光标后的一个字符
坐标系 F3	进入自动坐标系设置界面	删除一行 F6	可删除当前光标所在行
PgUp PgDn	选择坐标系按键	停止运行 F7	可使数控程序暂停运行
自动	自动加工模式	单段	单段方式

二、程序的输入

若要创建一个新的程序,则在"选择编辑程序"的菜单中选择"磁盘程序",在文件名栏输入新程序名(不能与已有程序名重复),按 Enter 键即可,此时 CRT 界面上显示一个空文件,可通过 MDI 键盘输入所需程序。

三、参考点与坐标系的建立

(1) 按软键【MDI F4】,进入 MDI 参数设置界面。

(2) 在弹出的下级子菜单中按软键【坐标系 F3】,进入自动坐标系设置界面,如图 3-25所示,刀具补偿参数表如图 3-26 所示。

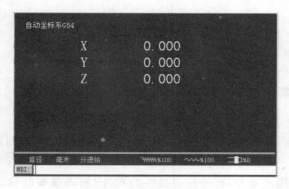

图 3-25 自动坐标系设置界面

刀号	组号	长度	半径	寿命	位置
#0000	-1	0.000	0.000	0	-1
#0001	-1	0.000	0.000	0	-1
#0002	-1	0.000	0.000	0	-1
#0003	-1	0.000	0.000	0	-1
#0004	-1	0.000	0.000	0	-1
#0005	-1	0.000	0.000	0	-1
#0006	-1	0.000	0.000	0	-1
#0007	-1	0.000	0.000	0	-1
#0008	-1	0.000	0.000	0	-1
#0009	-1	0.000	0.000	0	-1
#0010	-1	0.000	0.000	0	-1
#0011	-1	0.000	0.000	0	-1
#0012	-1	0.000	0.000	0	-1

图 3-26 刀具补偿参数表

（3）用 PgUp 键或 PgDn 键选择自动坐标系 G54～G59、当前工件坐标系以及当前相对值零点。

（4）在控制面板的 MDI 键盘上按数字/字母键，输入地址字（X、Y、Z）和通过对刀得到的工件坐标系原点在机床坐标系中的坐标值。设通过对刀得到的工件坐标系原点在机床坐标系中的坐标值为（-100，-200，-300），需采用 G54 编程，则在自动坐标系 G54 下按如下格式输入"X-100 Y-200 Z-300"。

（5）按 Enter 键，将输入区域中的内容输入到指定坐标系中。此时 CRT 界面上的坐标值发生变化，对应显示输入区域中的内容。按 BS 键，逐字删除输入区域中的内容。

四、刀具安装与对刀操作

刀具安装与对刀操作方法参见 FANUC 0i 数控系统刀具安装与对刀操作方法。

3.2 操作实例

3.2.1 平面凸轮加工

1. 平面凸轮的分类

(1)按凸轮曲线组成划分,有直线圆弧凸轮、圆弧-圆弧凸轮、圆弧-非圆曲线凸轮、非圆曲线凸轮。

(2)按凸轮工作形式划分,有外轮廓盘形凸轮、内轮廓盘形凸轮、盘形槽凸轮、盘形凸缘凸轮、共轭凸轮。

2. 平面凸轮的编程方法

对平面凸轮类零件编程的首要任务是计算各节点坐标。计算时,若凸轮曲线不含非圆曲线可用手工计算的方法完成,若含有非圆曲线可用计算机辅助计算的方法完成。节点计算完成后,要针对凸轮的结构形式安排切削工艺,以达到图样要求,最后进行程序的编制。

3. 编程及加工举例

如图 3-27 所示为一盘形槽凸轮,材料是 45 调质钢,$\phi80G7$ 孔、$\phi12H7$ 孔、$\phi360$ 外圆,

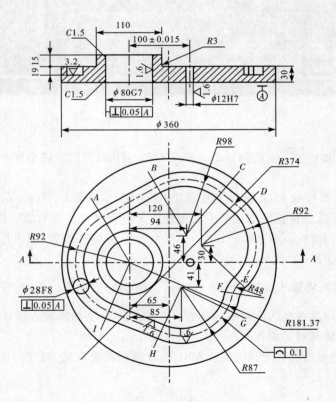

图 3-27 盘形槽凸轮

30 mm、19 mm、15 mm 长度都已加工完毕,基准面已磨削完毕,现要加工凸轮槽部分,要求达到图样要求。

(1)图样分析

该凸轮的工作原理是:凸轮转动,使凸轮槽中的滚子按凸轮曲线运动,从而达到控制从动件的目的。要求滚子在凸轮槽中运动间隙不能太大,保证滚子与凸轮槽工作面的接触面积尽量大,以便安装顺利。凸轮槽工作面(侧面)与 A 面有垂直度要求。凸轮槽的两个侧面是主要工作面,对表面粗糙度有严格要求,底面为非配合表面,表面粗糙度要求较低。凸轮的轮廓精度直接影响到从动件的运动轨迹及工作精度,所以,对凸轮的轮廓精度也有要求。ϕ12H7 孔是工艺孔,起定位基准的作用。

(2)工艺分析

这个过程是从实体上挖出封闭槽,对凸轮槽进行加工。该槽宽 28 mm,深 19 mm,若采用一次加工成形的方法,切削力太大,会使凸轮轮廓不准,两侧面表面的粗糙度也难以达到要求。因此采用粗-半精-精的加工方法,以达到高的轮廓精度和好的表面粗糙度。具体方法如下:采用一柱一销和底面定位的方法,实现完全定位,如图 3-28 所示。ϕ80G7 孔与一短圆柱配合,ϕ12H7 孔与一个菱形销配合,保证了工艺基准与装配基准的重合,保证了装配的精度。粗加工选用 ϕ25 键槽立铣刀,一次进给加工槽宽至 25 mm,槽深至 18.8 mm,半精加工选用 ϕ20 键槽立铣刀加工槽宽至 27.7 mm,每侧留 0.15 mm 余量,槽深至 18.98 mm。精加工选用 ϕ20 键槽立铣刀,以顺铣方式精加工两侧面至尺寸,切深至 19 mm。精加工后表面粗糙度如不符合要求,可用钳工修光的方法来保证。

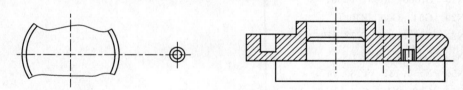

图 3-28 完全定位

(3)手工编程

手工编程按如下步骤进行。

①通过计算机绘图得到各节点坐标

$A(-45.377, 78.879)$,$B(-5.132, 130.947)$,$C(156.797, 121.237)$,$D(186.180, 93.908)$,$E(184.818, -35.289)$,$F(172.882, -54.840)$,$G(163.360, -78.797)$,$H(50.558, -120.892)$,$I(-36.026, -83.565)$。

②确定刀具轨迹

如图 3-29 所示为刀具轨迹图,操作步骤如下:

● 粗加工:从 A 点开始顺时针按 A、B、C、D、E、F、G、H、I、A 的顺序进行切削。

● 半精加工:要保证铣削两侧槽时,刀具走顺时针轨迹;铣削外侧槽时,刀具走逆时针轨迹。

● 精加工:刀具轨迹基本与半精加工相同,但切入、切出时要考虑切向切入切出,以保证加工表面在刀具切入、切出处没有刀痕。其刀具轨迹如图 3-29 所示,图中的刀具轨迹既达到了圆滑切入、切出的要求,又不会与零件表面发生干涉。

注:为了减少编程计算的工作量,该凸轮两侧面的编程节点坐标应一致,即以理论轮廓线为准。这样,加工靠近圆心的侧面时用右刀补,刀补值越大,凸轮槽越宽;加工远离圆心的侧面时也用右刀补,刀补值越大,凸轮槽越宽。

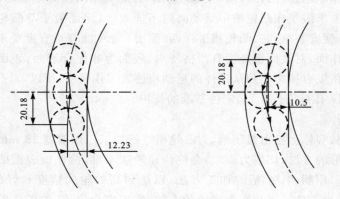

图 3-29 刀具轨迹

③编程

根据以上工艺安排、刀具轨迹确定、刀具选择、节点坐标,可编制程序如下(以 φ110 圆的圆心为编程坐标系原点):

粗加工程序:

N10   S1000   M03   F200;

N20   G54   G00   Z40.;

N30   X-45.377   Y78.879;

N40   G01   Z-33.8;

N50   X-5.132   Y130.947;

N60   G02   X156.797   Y121.237   R98.;

N70   X186.180   Y93.908   R374.;

N80   X184.818   Y-35.289   R92.;

N90   G03   X172.882   Y-54.840   R48.;

N100   G02   X163.360   Y-78.797   R181.37;

N110   G02   X50.558   Y-120.892   R87.;

N120   G01   X-36.026   Y-83.565;

N130   G02   X-45.377   Y78.879   R91;

N140   G00   Z40.;

N150   M05;

N160   M30;

半精加工与精加工程序:

右侧面加工程序:

N10   S1000   M03   F200;

N20   G54   G00   Z40.;

N30   X-91.   Y-20.18;

N40　G01　Z—＿＿＿＿；　　　　　　　　　　（可根据实际情况选择切深）

N50　G42　X—91.　Y0　D01；

N60　G02　X—45.377　Y78.879　R91.；

N70　G01　X45.132　Y130.947；

N80　G02　X156.797　Y121.237　R98.；

N90　　　　X186.180　Y93.908　R374.；

N100　　　X184.818　Y—35.289　R92.；

N110　G03　X172.882　Y—54.840　R48.；

N120　G02　X163.360　Y—78.797　R181.37；

N130　G02　X50.558　Y—120.892　R87.；

N140　G01　X—36.026　Y—83.565；

N150　G02　X—91.　Y0　R91；

N160　G01　G40　X—91.　Y20.18；

N170　G00　Z40.；

N180　M05；

N190　M30；

左侧面加工程序：

N10　S1000　M03　F200；

N20　G54　G00　Z40.；

N30　　X—88.5　Y20.18；

N40　G01　Z—＿＿＿＿；　　　　　　　　　　（可根据实际情况选择切深）

N50　G42　X—91.　Y0　D01；

N60　G03　X—36.026　Y—83.565　R91.；

N70　G01　X50.558　Y—120.892；

N80　G03　X163.360　Y—78.797　R87.；

N90　G03　X172.882　Y—54.840　R181.37；

N100　G02　X184.818　Y—35.289　R48.；

N110　G03　X186.180　Y93.908　R92.；

N120　　　X156.797　Y121.237　R374.；

N130　　　X45.132　Y130.947　R98.；

N140　G01　X—45.377　Y78.879；

N150　G03　X—91.　Y0　R91.；

N160　G01　G40　X—88.5　Y—20.18；

N170　G00　Z40.；

N180　M05；

N190　M30；

3.2.2　配合件加工

如图 3-30 和图 3-31 所示配合件，图 3-32 所示为两配合件的配合情况。下面介绍该配合件的工艺分析过程及程序编制步骤。

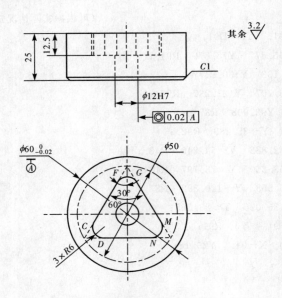

图 3-30　配合件 1

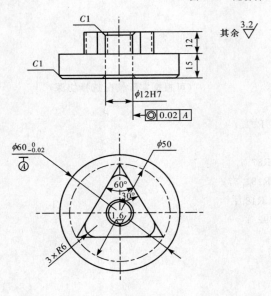

图 3-31　配合件 2

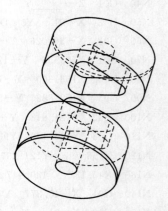

图 3-32　两配合件的配合

1. 数控铣削工艺分析

（1）确定加工方法

从图 3-30 和图 3-31 中可以看出，工件的加工轮廓主要由圆弧及直线构成，形状比较简单，但用普通加工方法又有困难。所以该配合件除了外圆用普通车床加工以外，其余各加工部位均可作为数控铣削工序内容。详细理由分析如下：

①尺寸的标注及所用基准比较统一，且无封闭尺寸，有利于数控加工和编程。

②零件的尺寸公差和表面粗糙度容易保证。

③构成该工件轮廓形状的各几何元素条件充分,无相互矛盾之处,有利于编程。

④工件的初加工轮廓表面的最大高度 $H=12.5$ mm,转接圆弧为 $R6$,经校核,该处的铣削工艺性尚可。

⑤底面没有圆角,故只采用平铣刀加工即可。

⑥从安装定位方面考虑,以外圆 $\phi60$ 作为定位面,这样就要求在找正时的精度要高;要求工件上、下两面用平磨加工完成后再进行数控加工。

(2)工艺措施

根据以上分析,确定采用三爪自定心卡盘装夹;采用小直径铣刀加工;安排粗、精加工。

根据上述工艺措施制定工艺流程为钻中心孔→钻孔→轮廓粗加工→轮廓精加工→绞孔→成品。

2.编制数控加工工序卡

凹件加工数据和凸件加工数据见表 3-5、表 3-6。

表 3-5　　　　　　　　　　　　　凹件加工数据

机床型号			加工数据表					编号
零件号	零件名称:凹件		材料:调质钢	工艺:		程序号:		日期:编程者:
顺序号	加工面	刀具号	刀具类型	刀具长度	主轴转速/r·min⁻¹	进给速度/mm·min⁻¹	刀具偏置号	刀具偏置/mm	备注
1	钻中心孔	T1	$\phi3$ 中心钻		900	90			
2	钻 $\phi12$ 底孔	T2	$\phi10$ 钻头		350	60			
3	扩 $\phi12$ 孔	T3	$\phi11.8$ 钻头		265	50			
4	粗加工槽	T4	$\phi10$EM 铣刀		640	128	D21	$R_1+0.2$	
5	精加工槽	T5	$\phi10$EM 铣刀		640	128	D22	$R_1+0.02$	
6	绞孔	T6	$\phi12$ 绞刀		300	30			

表 3-6　　　　　　　　　　　　　凸件加工数据

机床型号			加工数据表					编号
零件号	零件名称:凸件		材料:调质钢	工艺:		程序号:		日期:编程者:
顺序号	加工面	刀具号	刀具类型	刀具长度	主轴转速/r·min⁻¹	进给速度/mm·min⁻¹	刀具偏置号	刀具偏置/mm	备注
1	钻中心孔	T1	$\phi3$ 中心钻		900	90			
2	钻 $\phi12$ 底孔	T2	$\phi11.8$ 钻头		265	50			
3	粗加工槽	T3	$\phi16$EM 铣刀		400	80	D31	$R1+0.2$	$D32=R1+0.2$
4	精加工槽	T4	$\phi16$EM 铣刀		400	80	D41	$R1+0.02$	
5	绞孔	T5	$\phi12$ 绞刀		300	30			

3. 数学计算

(1)用计算机绘图找到各节点坐标如下：

$C(-16.455,-3.5),D(-11.259,-12.5),F(-5.196,16),G(5.196,16),$
$M(16.455,-3.5),N(11.259,-12.5)$。

(2)刀具半径补偿如图 3-33 所示。

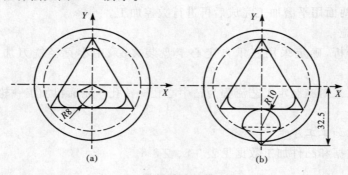

图 3-33 刀具半径补偿

(3)程序分别如下：

凹件程序：

钻孔程序：

N10 S265 M03;

N20 G54 G00 Z40.;

N30 G98 G83 X0 Y0 Z−28. Q3. F50;

N40 G80;

N50 M05;

N60 M30;

加工凹槽程序：

N10 S400 M03;

N20 G54 G00 Z40.;

N30 X0 Y0;

N40 G01 Z−12.3 F20;

N50 G41 X−8. Y−4.5 D01;

N60 G03 X0 Y−12.5 R8.;

N70 G01 X11.259;

N80 G03 X16.455 Y−3.5 R6.;

N90 G01 X5.196 Y16.;

N100 G03 X−5.196 Y16. R6.;

N110 G01 X−16.455 Y−3.5;

N120 G03 X−11.259 Y−12.5 R6.;

N130 G01 X0 Y−12.5;

N140 G03 X8. Y−4.5 R8.;

N150 G40 X0 Y0;

N160 G00 Z40.;

N170　M05;

N180　M30;

凸件程序:

钻孔程序:

N10　S265　M03;

N20　G54　G00　Z40.;

N30　G98　G83　X0　Y0　Z31.　Q3.　F50;

N40　G80;

N50　M05;

N60　M30;

加工凸台程序:

N10　S400　M03;

N20　G54　G00　Z40.;

N30　X0　Y−32.5;

N40　G01　Z−12.　F20;

N50　G41　X10.　Y−22.5　D01　F130;

N60　G03　X0　Y−12.5　R10.;

N70　G01　X−11.259;

N80　G02　X−16.455　Y−3.5　R6.;

N90　G01　X−5.196　Y16.;

N100　G02　X5.196　Y16.　R6.;

N110　G01　X16.455　Y−3.5;

N120　G02　X11.259　Y−12.5　R6.;

N130　G01　X0　Y−12.5;

N140　G03　X−10.　Y−32.5　R10.;

N150　G01　G40　X0　Y−32.5;

N160　G00　Z40.;

N170　M05;

N180　M30;

3.2.3　加工高精度孔系零件

零件如图 3-34 所示,在 400 mm×280 mm×80$_{-0.03}^{0}$ mm 板料上加工 4 个 ϕ30H7 通孔、2 个 ϕ40H7 盲孔及 4 个 M10 螺纹孔。

1. 图样分析

根据图样需加工 4×ϕ30 H7 mm 导柱孔,孔距为(320±0.015)mm×(200±0.015)mm,孔距为(40±0.015) mm ,轴线对 A 面垂直度公差为 ϕ0.015 mm ;2×ϕ40H7 mm 盲孔,孔距为(100±0.015) mm,表面粗糙度 R_a 值全部为 1.6μm;4×M10 mm 螺纹孔深 25 mm。

2. 工艺分析

加工中心是一种多工步、工序高度集中的加工机床。用加工中心加工零件孔系时,由

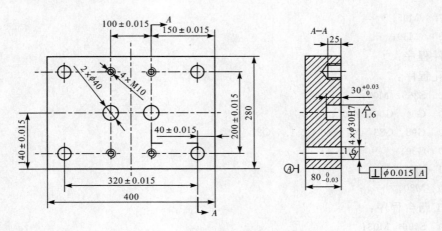

图 3-34 零件图

于加工中心具有较高的坐标位移精度和重复定位精度,加工时,只要选择合理的加工工艺,就完全能保证孔系的形状位置精度及尺寸精度。图 3-34 所示的零件加工工艺过程如下:

(1)钻中心孔。由于钻头具有较长的横刃,定位性不好,因此采用中心钻钻出所有孔的中心孔。

(2)钻孔。用 ϕ29 mm 钻头钻出 4×ϕ30H7 底孔,2×ϕ40H7 孔钻深 29.8 mm,用 ϕ8.7 mm 钻头钻出 4×M10 螺纹底孔。

(3)粗铣孔。用 ϕ25 mm 立铣刀粗铣 2×ϕ40 H7 孔至 ϕ39.8 mm,切削深度均分两层铣至 29.8 mm。

(4)镗孔。采用镗削加工,消除钻孔时产生的孔轴线与基准 A 的误差,确保垂直度。同时去除过多的加工余量,并且保证下一道工序加工余量。可采用 ϕ29.8 mm 镗刀进行镗孔,保证绞孔余量和较好的表面粗糙度。

(5)绞孔。用绞刀绞 4×ϕ30H7 孔至尺寸。绞孔的尺寸精度和表面质量在很大程度上是由绞刀的质量来决定的,所以,一定要正确选择绞刀。绞削前要用千分尺仔细测量绞刀的直径,要检查绞刀刀刃是否磨损,有无裂口、毛刺。正式使用前,绞刀要进行试绞。

(6)精铣孔。用 ϕ25 mm 的立铣刀精铣 ϕ40H7 孔至尺寸。采用半径插补方式编写程序,考虑孔精度,选用合适的半径补偿值。

(7)攻螺纹。采用 M10 的丝锥,选用合适的转速,计算出正确的进给量,防止乱牙,要严格控制攻螺纹深度,螺纹深度要小于底孔深度 3 mm～5 mm。

3.刀具选择

经工艺分析选择 ϕ29 mm 麻花钻、ϕ8.7 mm 麻花钻、ϕ29.8 mm 镗刀、ϕ25 mm 铣刀及 ϕ30 mm 机用绞刀。

4.切削用量选择

根据刀具、工件材料选择切削用量,具体见表 3-7。

表 3-7   切削用量选择

刀具名称	刀具直径 /mm	切削速度 /mm·min⁻¹	每转进给量 /mm·r⁻¹	转速 S/r·min⁻¹	进给量 f/mm·r⁻¹	刀具号	半径补偿号	长度补偿号
中心钻	$\phi3$	24	0.05	2456	127	T1		H1
麻花钻	$\phi29$	24	0.25	260	65	T2		H2
	$\phi8.7$	24	0.2	900	180	T3		H3
铣刀	$\phi25$	24	0.2	300	60	T4	$D41=12.6$	H4
镗刀	$\phi29.8$	24	0.15	250	40	T5		H5
绞刀	$\phi30$	6	0.4	65	25	T6		H6
铣刀	$\phi25$	30	0.15	400	60	T7	$D42=12.5$	H7
丝锥	M10	10		300	450	T8		H8

5.装夹定位

经过工艺分析,采用机床用精密平口虎钳装夹工件,保证工件下表面水平,基准面与 X 方向平行,用找正器确定工件右下角为工件坐标系原点,即 G54 原点。

6.坐标点的计算

经过图样分析和坐标零点的确定,根据图中尺寸的标注,很容易计算出各孔的坐标。

7.程序编写

程序编写是为工件的加工服务的,编写的正确性直接影响着加工的质量,故在编写前应列举所涉及的刀具的各种参数,然后编写程序。

程序清单如下:

MAIN

G94 G17 G54 T1 D1 S1000 M3

T1 LL6   (调用 T1 号刀具钻中心孔)

G90 G00 Z40

X0 Y0

G43 Z10 M08

CYCLE82(4,0,2,−6,6,0) P0

LSUB2

LSUB3

G00 X−150 Y140

X−250

M09

M05

T2 LL6   (调用 T2 号刀具钻孔)

S260 T2 M3

G90 G00 Z40

X0 Y0

G43 Z10

```
CYCLE81(4,0,2,-92,92)  P0
LSUB2
G00   X-150  Y140
CYCLE81(4,0,2,-29.8,29.8)
G00   X-250
CYCLE81(4,0,2,-29.8,29.8)
M09
M05
T3   LL6                          (调用 T3 号刀具钻 M10 螺纹底孔)
S900  T3  M3
G90  G00  Z40
X0  Y0
G43  Z10  M08
CYCLE81(4,0,2,-30,30)
LSUB3
M09
M05
T4   LL6                          (调用 T4 号刀具铣 φ40H7 孔)
S300  T4  M3
G90  G00  Z40
X0  Y0
G43  Z10  M08
X-150  Y140
G91  G41  X5  Y-15
G01  Z-25  F20
LSUB4
G91  G41  X5  Y-15
G01  Z-39.8  F20
LSUB4
X-250  Y140
G91  G41  X5  Y-15
G01  Z-25  F20
LSUB4
G91  G41  X5  Y-15
G01  Z-39.8  F20
LSUB4
T5   LL6                          (调用 T5 号刀具镗 φ30H7 孔)
S250  T5  M3
G90  G00  Z40
X0  Y0
G43  Z10  M08
CYCLE86(4,0,2,-82,82,2,3,-1,-1,1,45)
```

```
LSUB2
M09
M05
T6  LL6                          （调用 T6 号刀具绞 φ30H7 孔）
S65  T6  M3
G90  G00  Z40
X0  Y0
G43  Z10  M08
CYCLE82(4,0,2,-90,90,1)  P0
LSUB2
M09
M05
T7  LL6                          （调用 T7 号刀具精铣 φ40H7 孔）
S400  T7  M3
G90  G00  Z40
X0  Y0
G43  Z10  M08
X-150  Y140
G91  G41  X5  Y-15
G01  Z-40.02  F20
LSUB4
X-250  Y140
G91  G41  X5  Y-15
G01  Z-40.02  F20
LSUB4
M09
M05
T8  LL6                          （调用 T8 号刀具攻 M10 螺纹）
S300  T8  M3
G90  G00  Z40
X0  Y0
G43  Z10  M08
CYCLE84(4,0,2,-25,25,3,4,3,0,90,200,500)   P0
LSUB3
M09
M30
LSUB2                            （4×φ30H7 孔的坐标）
G91 X-40  Y40
Y200
X-320
Y-200
M17
```

LSUB3   (4×M10 孔的坐标)
X－150　Y40
Y240
X－250
Y40
M17

LSUB4   (铣 φ40H7 孔的程序)
G91　G03　X15　Y15　R15　F60　I－20　J0
X－15　Y15　R15
G40　X－5　Y－15
G90　G0　Z10
M17

LL6   (换刀程序)
M09
G91　G28　Z0　M05
G49　G40
G0　G53　Y－600
M06
M17

3.2.4　用宏程序完成椭圆槽或轮廓的加工

用宏程序完成如图 3-35 所示椭圆槽或轮廓的加工。

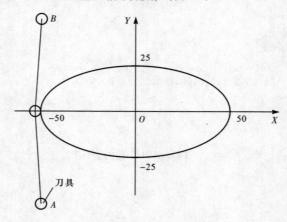

图 3-35　椭圆槽或轮廓的加工

选刀及确定加工方法见 3.2.1 平面凸轮加工。

程序清单如下：

S1000　M03；

G54　G00　Z40.；

#1＝50.　#2＝25.；

#5＝180　#9＝100；

X[－#1]　Y[－2＊#2]；

G41　G00　Y[－#2]　D01；

G01　Z－5.；

G01　Y0；

WHILE[#5　LE　540]　DO 1；

#3＝#1＊COS[#5]

#4＝#2＊SIN[#5]

G90　G01　X#3　Y#4　F#9；

#5＝#5+1；

END1；

G00　Z40.；

G40　X[－#1]　Y[2＊#2]；

M05；

M30；

3.2.5　薄板类零件加工

如图 3-36 所示为薄板类零件，材料为 HT200，该零件的生产类型为单件生产。分析其数控加工工艺。

1. 零件图工艺分析

(1)零件结构分析

主体尺寸 70 mm×120 mm×10 mm；$\phi 30^{+0.03}_{0}$ 孔位置由 25±0.026 mm 和 40±0.031 mm 确定；槽宽 $10^{+0.043}_{0}$ mm；件厚 $10^{0}_{-0.043}$ mm。

(2)技术要求

两大平面间尺寸为 $10^{0}_{-0.043}$ mm，表面粗糙度 R_a 值为 3.2 μm，平行度 0.03 mm；$\phi 30^{+0.03}_{0}$ 孔表面粗糙度 R_a 值为1.6 μm；槽表面粗糙度 R_a 值为 3.2 μm。即主要加工表面为两平行面、孔表面和槽两侧面。该件是薄板形零件，且板上有内孔，键槽在加工过程中要考虑加工生产的内应力及夹紧力所引起的变形。

2. 确定装夹方案

(1)加工两大平面时，选择机床用平口虎钳装夹，同时丝杠受拉力，活动钳口产生向下的分力，工件向下贴紧定位垫块，虎钳可采用网纹钳口铁，以较小夹紧力获得较大的摩擦力，铣削用量不宜过大，接近尺寸时可用 0.1 mm 左右余量逐步铣至尺寸。

(2)加工孔和槽时，为减少工件变形选用垫块和螺栓压板装夹工件，尽量增大定位面积。

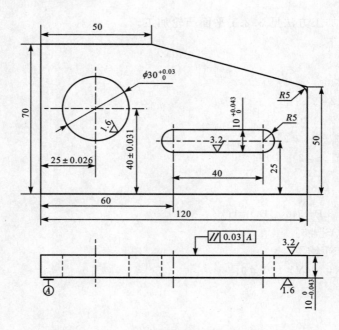

图 3-36　薄板类零件

垫块高度略高于工件受压平面,否则易使工件拱起变形。

(3)薄形平面零件精度与加工用刀具关系。

①在加工两大平面时为了尽可能减小夹紧力,从而减少工件变形量,因此,刀具应具有较大前角。若采用高速铣削,在刃磨硬质合金刀具时,应减小主偏角,磨出负的刃倾角,使工件受切削力作用后,靠向定位面,从而提高工件平行度。

②提高钻头和键槽刀的刃磨质量,否则会产生轴向力和切削振动,例如:选用键槽刀时应仔细检查端面刃近中心部位的前角刃磨状况。

(4)在操作时,使机床在粗加工阶段模拟精铣几次,以检验机床主轴轴向窜动情况,通过铣削纹路仔细观察纵向进给是否平稳,以保证加工精度。

3. 确定加工顺序及走刀路线

加工顺序为:坯料→调质→铣 71 mm×121 mm×14 mm 外形→钻 φ27 孔→铣 8 mm ×38 mm 槽→铣 70 mm×120 mm 周边→半精铣两大平面至 10.5→铣斜面→镗 φ30 至图样尺寸→铣键槽至图样尺寸→铣两大平面至图样尺寸。

4. 刀具选择

薄板类零件数控加工刀具卡片见表 3-8。

5. 切削用量的选择

粗加工周边,单边留 0.5 mm 余量,两大平面单边留 0.2 mm 余量。钻孔留 2 mm 余量,半精铣两大平面留 0.5 mm 余量。铣槽留 2 mm 余量。

注:(1)加工外形时取较小的 R_a 值,为后续工序定位做准备。

(2)通常平面加工属于单边余量,回转面(外圆、内孔等)和某些对称平面(键槽等)加工属于双边余量。

表 3-8 薄板类零件数控加工刀具卡片

产品名称或代号	×××	零件名称	薄板	零件图号	×××	
序号	刀具号	刀具			加工表面	备注
		规格名称	刀长/mm	数量		
1	T01	φ120 面铣刀		1	铣上、下平面及斜面	
2	T02	φ8 麻花钻		1	钻槽引刀孔	
3	T03	φ3 中心钻		1	钻中心孔	
4	T04	φ27 麻花钻		1	钻 φ30 孔的底孔	
5	T05	φ8 硬质合金立铣刀		1	半精、精加工槽	
6	T06	镗刀		2	粗、半精、精镗孔	

6. 填写数控加工工序卡片

将各工步加工内容所用刀具和切削用量填入表 3-9 中。

表 3-9 薄板类零件数控加工工序卡片

单位名称	×××	产品名称或代号		零件名称		零件图号	
		×××		薄板		×××	
工序号	程序编号	夹具名称		使用设备		车间	
×××	×××	虎钳/螺栓压板		数控立式铣床		数控中心	
工步号	工步内容	刀具号	刀具规格 /mm	主轴转速 /r·mm^{-1}	进给速度 /mm·min^{-1}	背/侧吃刀量 /mm	备注
1	粗铣 71×121×14 外形	T01	φ120	600	60	2	
2	钻中心孔	T03	φ3	1000	80		
3	钻 φ27 孔	T04	φ27	200	40		
4	钻 φ8 槽	T02	φ8	800	60		
4	铣 8×38 槽	T05	φ8	1000	100		
5	精铣 70×120 周边	T01	φ120	800	40		
6	半精铣两大平面至 10.5	T01	φ120	800	40		
7	精铣斜面	T01	φ120	800	40		
8	镗 φ30 孔至图样尺寸	T06	φ30	1200	50		
9	铣槽至图样尺寸	T05	φ8	1200	50		
10	精铣两大平面至图样尺寸	T01	φ120	800	40		

3.2.6 支架类零件加工

如图 3-37 所示,一厚度为 20 mm 支架类零件,零件材料为 HT200,毛坯尺寸按铸造后获得,采用立式铣床加工,批量生产,其加工工艺分析如下:

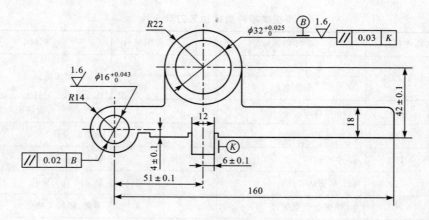

图 3-37　支架类零件

1. 零件图工艺分析

该零件主要由平面和孔组成,孔除尺寸精度、表面粗糙度要求较高之外,两孔有较高的平行度要求和尺寸精度要求。孔 $\phi 32^{+0.025}_{0}$ mm 要求与 K 面尺寸为 6 ± 0.1 mm,平行度为 0.03 mm。孔 $\phi 16^{+0.043}_{0}$ 要求与底面尺寸为 4 ± 0.1 mm。

2. 确定装夹方案

铣削凸台和底面时用虎钳装夹两侧面。在工作台 T 形槽内安装定位块,将底面和凸台侧面靠在定位块上,用螺栓压板装夹加工 $\phi 32^{+0.025}_{0}$ mm 孔。用专用夹具装夹加工 $\phi 16^{+0.043}_{0}$ mm 孔,以保证各方面尺寸精度,其装夹情况如图 3-38 所示。

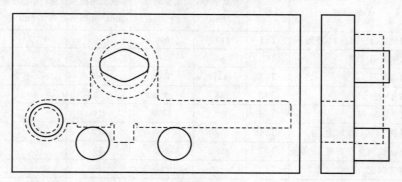

图 3-38　工件装夹情况

3. 确定加工顺序及走刀路线

第一道工序划线。当毛坯误差较大时,采用划线的方法能同时兼顾到几个不加工面对加工面的位置要求。选择不加工面 $R22$ mm 外圆和 $R14$ mm 外圆为粗基准,同时兼顾不加工的上平面与底面距离 18 mm 的要求,划出底面和凸台的加工线。

第二道工序按划线找正,刨底面和凸台。

第三道工序粗精镗 $\phi 32H7$ 孔。加工要求尺寸 42 ± 0.1 mm、6 ± 0.1 mm 及凸台侧面 K 的平行度为 0.03 mm。根据基准重合的原则选择底面和凸台为定位基准,底面限制三个自由度,凸台限制两个自由度,无基准不重合误差。

第四道工序钻、扩、绞 $\phi16H9$ 孔。除孔本身的精度要求外,本工序应保证的位置要求为尺寸 4 ± 0.1 mm、51 ± 0.1 mm 及两孔的平行度要求为 0.02 mm。根据精基准选择原则,可以有三种不同的方案:

(1)底面限制三个自由度,K 面限制两个自由度。此方案加工两孔采用了基准统一原则。夹具比较简单。设计尺寸 4 ± 0.1 mm 与基准重合;尺寸 51 ± 0.1 mm 的工序基准是孔 $\phi32H7$ 的中心线,而定位基准是 K 面,定位尺寸为 6 ± 0.1 mm,存在基准不重合误差,其大小等于 0.2 mm;两孔平行度 0.02 mm 也有基准不重合误差,其大小等于 0.03 mm(基准不重合误差即设计基准到定位基准之间的尺寸 K 的误差)。可见,此方案基准不重合误差已经超过了允许的范围,不可行。

(2)$\phi32H7$ 孔限制四个自由度,底面限制一个自由度。此方案对尺寸 4 ± 0.1 mm 有基准不重合误差,且定位销细长,刚性较差,所以也不好。

(3)底面限制三个自由度,$\phi32H7$ 孔限制两个自由度。此方案可将工件套在一个长的菱形销上来实现,对于三个设计要求均为基准重合,只有 $\phi32H7$ 孔对于底面的平行度误差将会影响两孔在垂直平面内的平行度,应当在镗 $\phi32H7$ 孔时加以限制。

综上所述,第三种方案基准基本上重合,夹具结构也不太复杂,装夹方便,故应采用。

4. 刀具选择

采用端铣刀加工底平面,立铣刀加工凸台侧面。数控加工刀具卡片见表 3-10。

表 3-10　　　　　　　　　　支架类零件数控加工刀具卡片

产品名称或代号		×××	零件名称	支架	零件图号		×××	
序号	刀具号	刀具					加工表面	备注
		规格名称		刀长/mm	数量			
1	T01	$\phi100$ 可转位面铣刀			1		粗精加工底面	
2	T02	$\phi12$ 硬质合金立铣刀			1		粗精加工凸台侧面	
3	T03	$\phi3$ 中心钻			1		钻中心孔	
4	T04	$\phi27$ 钻头			1		钻 $\phi32^{+0.025}_{0}$ 底孔	
5	T05	$\phi12$ 钻头			1		钻 $\phi16^{+0.043}_{0}$ 底孔	
6	T06	镗刀			2		粗、半精、精镗孔	

5. 切削用量的选择

用面铣刀加工底面时,粗加工留 0.5 mm 余量,半精加工留 0.2 mm 余量。用立铣刀加工凸台侧面时粗加工留 0.2 mm 余量,半精加工留 0.1 mm 余量。加工孔时可用 $\phi27$ mm 钻头钻底孔,粗镗至 $\phi31$ mm,半精镗至 $\phi31.6$ mm,精镗至尺寸。用 $\phi12$ mm 钻头钻 $\phi16$ mm 的底孔,粗镗至 $\phi15$ mm,半精镗至 $\phi15.6$ mm,精镗至尺寸。

6. 填写数控加工工序卡片

将各工步加工内容所用刀具和切削用量填入表 3-11 中。

表 3-11 支架类零件数控加工工序卡片

单位名称	×××	产品名称或代号		零件名称		零件图号	
		×××		支架		×××	
工序号	程序编号	夹具名称		使用设备		车间	
×××	×××	虎钳/螺栓压板		数控立式铣床		数控中心	
工步号	工步内容	刀具号	刀具规格 /mm	主轴转速 /r·mm^{-1}	进给速度 /mm·min^{-1}	背/侧吃刀量 /mm	备注
1	划线						
2	粗铣底平面	T01	φ100	250	80	3.8	
3	粗铣凸台侧面	T02	φ12	900	60	0.2	
4	半精铣、精铣底平面	T01	φ100	320	40	0.5	
5	半精铣、精铣凸台侧面	T02	φ12	1000	50	0.1	
6	钻中心孔	T03	φ3	1000	80		
7	钻 φ32$^{+0.025}_{0}$底孔	T04	φ27	200	40		
8	粗镗 φ32$^{+0.025}_{0}$孔	T06	φ31	500	80		
9	半精镗 φ32$^{+0.025}_{0}$孔	T06	φ31.6	700	60		
10	精镗 φ32$^{+0.025}_{0}$孔	T06	φ32	1000	50	0.4	
11	钻 φ16$^{+0.043}_{0}$孔	T05	φ12	550	80		
12	粗镗 φ16$^{+0.043}_{0}$孔	T06	φ15	800	80		
13	半精镗 φ16$^{+0.043}_{0}$孔	T06	φ15.6	1100	60		
14	精镗 φ16$^{+0.043}_{0}$孔	T06	φ16	1800	25	0.4	

3.2.7 螺纹铣削加工

传统的螺纹加工方法主要为采用螺纹车刀车削螺纹或采用丝锥、板牙手工攻丝及套扣。螺纹铣削是对传统螺纹切削和成形加工的一种替代方法。随着数控加工技术的发展,尤其是三轴联动数控加工系统的出现,使更先进的螺纹加工方式——螺纹的数控铣削得以实现。螺纹铣削加工与传统螺纹加工方式相比,在加工精度、加工效率方面具有极大优势,且加工时不受螺纹结构和螺纹旋向的限制,如一把螺纹铣刀可加工多种不同旋向的内、外螺纹。对于不允许有过渡扣或退刀槽结构的螺纹,采用传统的车削方法或丝锥、板牙很难加工,但采用数控铣削却十分容易实现。此外,螺纹铣刀的耐用度是丝锥的十多倍甚至数十倍,而且在数控铣削螺纹过程中,对螺纹直径尺寸的调整极为方便,这是采用丝锥、板牙很难做到的。由于螺纹铣削加工的诸多优势,目前发达国家的大批量生产已较广泛采用铣削工艺(刀具如图 3-39 所示)。

螺纹铣削运动轨迹为一螺旋线,可通过数控机床的三轴联动实现。与一般轮廓的数控铣削一样,螺纹铣削开始进刀时也可采用圆弧切入或直线切入。铣削时应尽量选用刀片宽度大于被加工螺纹长度的铣刀,这样,铣刀只需旋转 360°便可完成螺纹加工。螺纹铣刀加工右旋内孔螺纹的轨迹分析如图 3-40 所示。

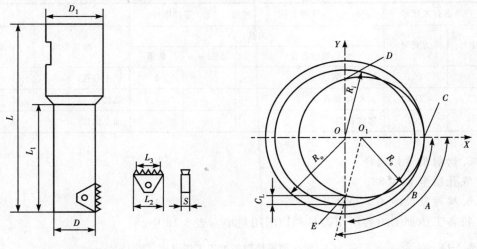

图 3-39　螺纹铣削用刀具　　　　　　图 3-40　加工右旋内孔螺纹的轨迹

1. 零件图工艺分析

M30×1.5 右旋螺纹,底孔直径 $D_1 = 28.38$ mm;螺纹直径 $D_o = 30$ mm;螺纹长度 $L = 20$ mm;螺距 $P = 1.5$ mm;机夹铣刀直径 $D_2 = 19$ mm;铣削方式为顺铣;线速度 $v = 150$ mm/min;铣刀齿数 $Z = 1$;每齿进给量 $f = 0.1$ mm;安全距离 $C_L = 0.5$ mm。

底孔直径经验公式

底孔直径=名义尺寸−$(1.05 \sim 1.1)P$ (这里 P 取 1.08)

$n = 1000\ v/(\pi D_2) = 1000 \times 150/(3.14 \times 19) = 2514$ r/min

$v_f = f_n = f_z Z n = 0.1 \times 1 \times 2514 = 251.4$ mm/min

$v_0 = v_f(D_o - D_2)/D_o = 251.4 \times (30 - 19)/30 = 92.2$ mm/min

$R_e = [(R_i - C_L)^2 + R_o^2]/(2R_o) = [(14.19 - 0.5)^2 + 15^2]/(2 \times 15) = 13.747$ mm

$A = 180° - \arcsin[(14.19 - 0.5)/13.747] = 95.22°$ (可近似取 90°)

$Z_A = PA/360° = 1.5 \times 90°/360° = 0.375$ mm

切入圆弧起始点坐标为
$$\begin{cases} X = 0 \\ Y = -R_i + C_L = -14.19 + 0.5 = -13.690\ \text{mm} \\ Z = -(L + Z_A) = -(20 + 0.375) = -20.375\ \text{mm} \end{cases}$$

2. 确定装夹方案

用虎钳或螺栓压板装夹。

3. 确定加工顺序及走刀路线

加工顺序为钻中心孔→钻底孔→攻螺纹。数控机床精度较高,按走刀路线最短为原则,确定加工路线。

4. 刀具选择

零件加工刀具卡片见表 3-12。

表 3-12 螺纹类零件数控加工刀具卡片

产品名称或代号	×××	零件名称	螺纹	零件图号	×××		
序号	刀具号	刀具			加工表面		备注
		规格名称	刀长/mm	数量			
1	T01	φ3 中心钻		1	钻中心孔		
2	T02	φ28.38 麻花钻		1	钻底孔		
3	T03	螺纹镗刀		1	加工螺纹		

5.切削用量的选择

底孔钻至 φ28.38。

6.填写数控加工工序卡片

将各工步加工内容所用刀具和切削用量填入表 3-13 中。

表 3-13 螺纹类零件数控加工工序卡片

单位名称	×××	产品名称或代号		零件名称		零件图号	
		×××		螺纹		×××	
工序号	程序编号	夹具名称		使用设备		车间	
×××	×××	虎钳		数控立式铣床		数控中心	
工步号	工步内容	刀具号	刀具规格/mm	主轴转速/r·mm^{-1}	进给速度/mm·min^{-1}	背/侧吃刀量/mm	备注
1	钻中心孔	T01	φ3	1000	80		
2	钻底孔	T02	φ28.38	200	40		
3	攻螺纹	T03	M30	2512	92		

7.编写加工程序(加工轨迹见图 3-41)

加工程序如下：

```
%
N10  G90  G00  G57  X0.  Y0.                          (刀具运动到孔的中心)
N20  G43  H10  Z0.  M3  S2512                         (在长度方向上建立刀具长度补偿)
N30  G91  G00  X0.  Y0.  Z−20.375                     (增量编程刀具运动到 X 向和 Z 向起
                                                      点)
N40  G41  D60  X0.  Y−13.690  Z0.                     (刀具运动到 Y 向起点并建立半径补偿)
N50  G03  X15.  Y13.69  Z0.375  R13.747  F92          (沿曲线切入工件)
N60  G03  X0.  Y0.  Z1.5  I−15.  J0.                  (切削螺纹)
N70  G03  X−15.  Y13.69  Z0.375  R13.747              (沿曲线切出工件)
N80  G00  G40  X0.  Y−13.690  Z0.                     (取消刀具半径补偿)
N90  G49  G57  G00  Z200.  M5                         (取消刀具长度补偿)
N100  M30                                             (程序结束)
%
```

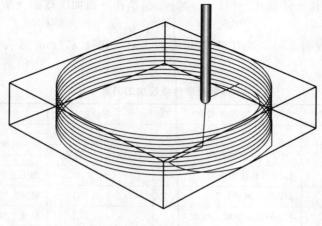

图 3-41 加工轨迹

3.2.8 球面类零件加工

如图 3-42 所示为一球面类零件,材料为 HT200,毛坯尺寸为 $\phi145\times30$,单件生产,采用立式数控铣床加工,其加工工艺分析如下:

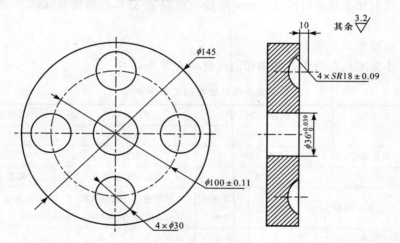

图 3-42 球面类零件

1. 零件图工艺分析

该零件主要由平面、球面和孔构成,整体为圆形,类似于盘类零件,可以在车床上加工出 $\phi145$ 部分,并留出工艺凸台,有利于保证尺寸精度,通孔 $\phi36^{+0.039}_{0}$ 的尺寸精度要求较高。

2. 确定装夹方案

在铣床上放一三角夹盘,装夹在车床上加工 $\phi145$ 部分时留下的工艺凸台,加工完成所有部分后,将工艺凸台去掉。

3. 确定加工顺序及走刀路线

按先粗后精、先面后孔的原则确定加工顺序,总体顺序为:粗、精加工底面→粗、精加工顶面→钻中心孔→钻底孔→粗镗、半精镗、精镗孔→粗加工球面→精加工球面。

4.刀具选择

零件上、下表面采用面铣刀加工,球面加工刀具选择 ϕ12mm 球头铣刀。刀具卡片见表 3-14。

表 3-14　　　　　　　　　球面类零件数控加工刀具卡片

产品名称或代号	×××		零件名称	球面	零件图号		×××	
序号	刀具号	刀具					加工表面	备注
		规格名称		刀长/mm	数量			
1	T01	ϕ100 可转位面铣刀			1		加工上下表面	
2	T02	ϕ12 高速钢球头铣刀			1		粗加工球面	
3	T03	ϕ12 硬质合金球头铣刀			1		精加工球面	
4	T04	ϕ3 中心钻			1		钻中心孔	
5	T05	ϕ27 钻头			1		钻底孔	
6	T06	镗刀			2		粗镗、半精镗、精镗孔	

5.切削用量选择

用球头铣刀加工球面时留 0.2 mm 余量。粗镗至 ϕ34,半精镗至 ϕ35.6,精镗至尺寸要求。

6.填写数控加工工序卡片

将各工步加工内容所用刀具和切削用量填入表 3-15 中。

表 3-15　　　　　　　　　球面类零件数控加工工序卡片

单位名称	×××	产品名称或代号		零件名称	零件图号
		×××		球面	×××
工序号	程序编号	夹具名称	使用设备		车间
×××	×××	虎钳	数控立式铣床		数控中心

工步号	工步内容	刀具号	刀具规格 /mm	主轴转速 /r·mm⁻¹	进给速度 /mm·min⁻¹	背/侧吃刀量 /mm	备注
1	粗加工底面	T01	ϕ100	250	80	3.8	
2	精加工底面	T01	ϕ100	320	40	0.5	
3	粗加工顶面	T01	ϕ100	250	80	3.8	
4	精加工顶面	T01	ϕ100	320	40	0.5	
5	钻中心孔	T04	ϕ3	1200	120		
6	钻底孔	T05	ϕ27	200	40		
7	粗镗孔至 ϕ34	T06	ϕ34	500	80	3.5	
8	半精镗至 ϕ35.6	T06	ϕ35.6	700	70	0.8	
9	精镗至尺寸	T06	ϕ36	1000	50	0.2	
10	粗加工球面	T02	ϕ12	800	100	0.5	
11	精加工球面	T03	ϕ12	1500	50	0.2	

7. 数值计算

根据零件图样，按已确定的加工路线和允许的程序，保证误差，计算出数控系统所需数值，数值计算包括基点与节点的坐标、刀位点轨迹的计算。

由于计算量一般较大，现在主要由计算机来完成。按零件图和工件坐标系，可以获得所用坐标点坐标值。

8. 编写加工程序

为使程序的通用性更强，如图 3-43 所示利用此图编程，可以用来加工本工件的球面部分。

每层都是以 G03 方式走刀，由于是内凹曲面，需采用自上而下的加工顺序。同样地，为便于描述和对比，每层加工时刀具的开始和结束位置重合，均指定在 ZX 平面内的 +X 方向上。也正由于是内凹曲面，为避免过切，这里不适宜采用圆弧切入和圆弧切出的进、退刀方式，另外，在相邻的两层之间刀具的运动由 G03 圆弧插补方式相连。具体加工程序见表 3-16。

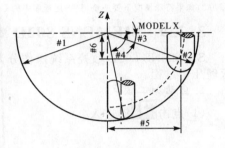

图 3-43　球面

表 3-16　　　　　　　　　　　　　　　　加工程序

程序	说明
O0001； S900 M03； G54 G90 G00 X0 Y0 Z30； G65 P0002 X50 Y−20 Z−10 A18 B6； C0 I90 Q1； M30；	程序开始，定位于原点上方 调用宏程序 O0002 程序结束
自变量赋值说明	
#1＝(A) #2＝(B) #3＝(C) #4＝(I) #17＝(Q) #24＝(X) #25＝(Y) #26＝(Z)	球面的圆弧半径 R 球头铣刀半径 R (ZX 平面)角度设为自变量，赋初始值 球面终止角度，#4≤90° 角度每次递减量（绝对值） 球心在工件坐标系 G54 中的 X 坐标 球心在工件坐标系 G54 中的 Y 坐标 球心在工件坐标系 G54 中的 Z 坐标
O0002； G52 X#24 Y#25 Z#26； G00 X0 Y0 Z30； #12＝#1−#2； #5＝#12＊COS[#3]； #6＝−#12＊SIN[#3]； X[#5−#2]； Z[#6−#2]； G01 X#5 F400； WHILE[#3LT#4] DO 1； #5＝#12＊COS[#3]； #7＝#12＊COS[#3＋#17]； #8＝−#12＊SIN[#3＋#17]−#2； G17 G03 I−#5 F1000； G18 G03 X#7 Z#8 R#12 F400；	在球面中心(X,Y,Z)处建立局部坐标系 定位至球面中心上方安全高度 球心与刀心连线距离（常量） 初始点刀心（刀尖）的 X 坐标值（绝对值） 初始点刀心的 Z 坐标值 X 方向以 G00 移动至初始点#2 处 G00 下降至初始点刀尖的 Z 坐标值 X 方向 G01 进给至距初始点 如果#3＜#4，循环 1 继续 任意角度时当前层刀心（刀尖）的 X 坐标值 下一层刀心（即刀尖）的 X 坐标值（绝对值） 下一层刀尖的 Z 坐标值 G17 平面内（当前层）沿球面 G03 走整圆 G18 平面内当前层以 G03 过渡至下一层

（续表）

程序	说明
♯3＝♯3＋♯17; END 1; G00 Z30; G54 X0 Y0 Z0; M99;	角度♯3每次递增♯17 循环1结束 G00提刀至安全高度 恢复G54原点 宏程序结束返回

说明：

(1)如果♯3＝0°,♯4＝90°,即对应于一个完整(标准)的半球面。

(2)如果特殊情况下要逆铣,只需把程序中的 G17 G03 改为 G17 G02 即可,其余部分基本不变。

3.2.9　SIEMENS 802D 数控系统操作过程

SIEMENS 802D 数控系统操作分为自动加工模式、手工加工模式、MDA 模式、程序管理几个过程。

1. 自动加工模式

(1)点击⮕键进入

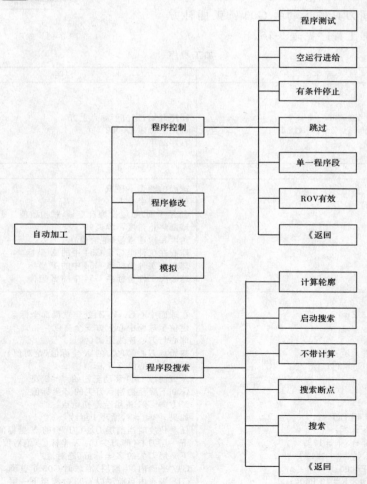

（2）自动方式功能区

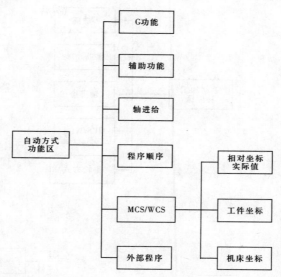

2.手动加工模式

点击 键进入

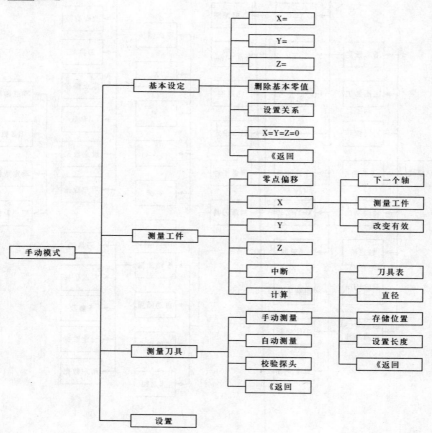

（2）手动加工功能区

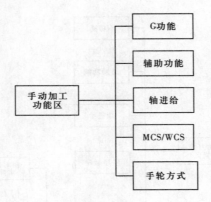

3. MDA 模式

点击 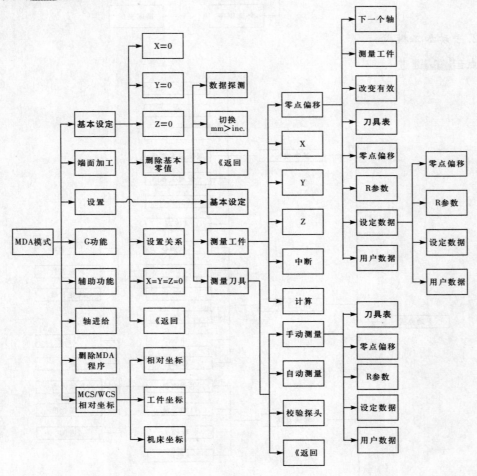 键进入

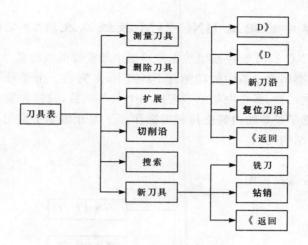

4.程序管理

点击 PM 键进入

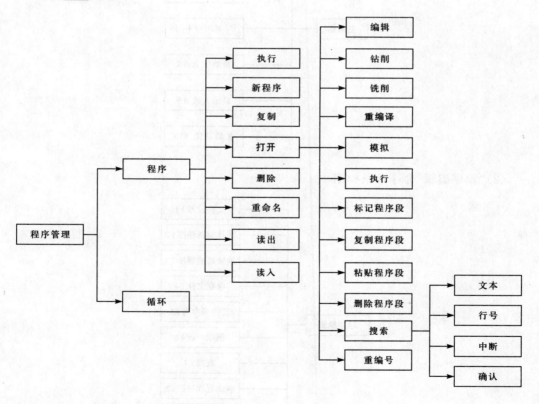

3.2.10 华中世纪星 HNC-21M 数控系统操作过程

华中世纪星 HNC-21M 数控系统的操作界面中最重要的内容是菜单命令条。系统功能的操作主要通过菜单命令条中的功能键 F1~F10 来完成。由于每个功能包括不同的操作,菜单采用层次结构,即在主菜单下选择一个菜单项后,数控装置会显示该功能下的子菜单,用户可根据子菜单的内容选择所需操作。下面介绍华中世纪星 HNC-21M 数控系统的菜单命令条结构图。

(1)主菜单命令条结构图

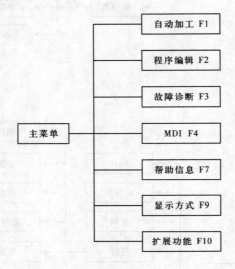

(2)"程序编辑"命令条结构图

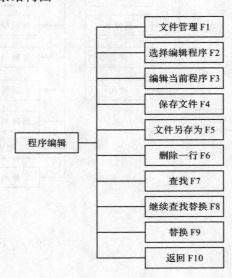

（3）"自动加工"命令条结构图

（4）铣床上"MDI"命令条结构图

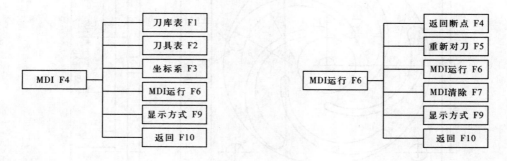

实训参考题

1.完成如图 3-44 所示工件的加工。

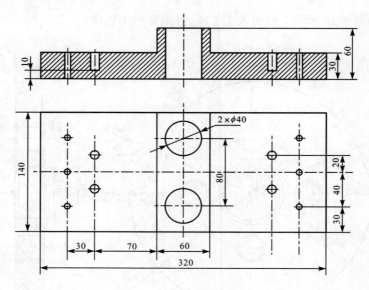

图 3-44 工件

2.已知：P_1（42.816,11.033）、P_2（37.122,9.152）、P_3（-8.692,14.265）、P_4（-11.301,15.743），编写程序。

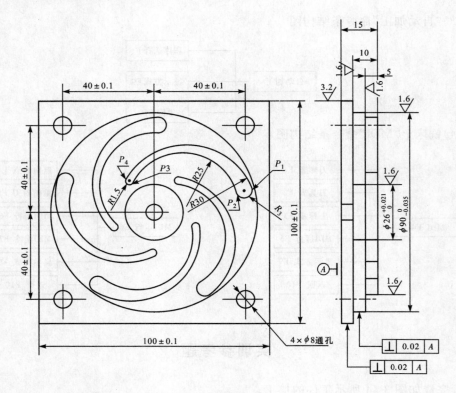

图 3-45

3. 编写如图 3-46 所示工件的加工工序,并编写加工程序。

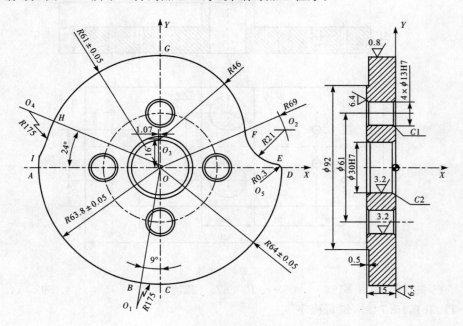

图 3-46

第4章

数控线切割机床操作实训

本章概要：本章讲述了数控线切割机床的编程与加工操作的方法，介绍了数控线切割机床的面板操作、系统的基本功能和指令系统。结合典型零件线切割加工的工艺特点进行分析，通过实例进行线切割机床编程与加工的训练。主要内容包括：数控线切割机床操作面板及基本操作介绍，数控线切割机床加工实例和操作过程等。

4.1　数控线切割机床的基本组成

数控线切割设备是利用电蚀加工原理，采用移动的细金属导线（钼丝或铜丝）作为电极，进行脉冲火花放电，而对工件进行切割的一种金属加工设备。它通过 CNC（计算机数字控制）技术，能在金属工件上自动完成对任意角度的直线或圆弧的切割。主要用于切割淬火钢、硬质合金等特殊金属材料以及在一般金属切削加工机床上难以正常加工的细缝槽或形状复杂的零件。

数控线切割设备主要由机床部分、脉冲电源和控制系统三大部分构成。机床部分由床身、坐标工作台、走丝机构、工作液及循环系统、附件和夹具等组成（图 4-1）。

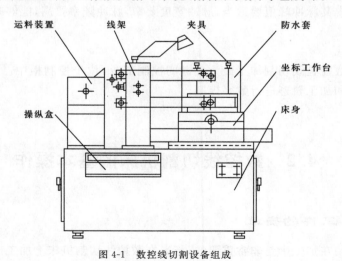

图 4-1　数控线切割设备组成

1. 床身

床身是箱形铸铁件，要求应有足够的强度和刚度，起支撑和固定基体的作用。其内部安装有机床电气控制元件和工作液及循环系统元件,其上部安装有坐标工作台、储丝筒、丝架、照明灯等部件。

2. 坐标工作台

坐标工作台主要由工作台面、上拖板和下拖板等组成。工作台面用于安装夹具和被切割工件,上拖板与下拖板分别由步进电动机驱动,经齿轮变速及滚珠丝杠传动,实现工作台面的纵向(即 X 方向)与横向(即 Y 方向)直线移动。通过控制上拖板与下拖板(即 X、Y 两个坐标方向)各自的直线进给移动速度,即可控制它们合成运动速度的大小与方向,从而获得各种平面图形曲线轨迹。上拖板与下拖板的纵、横向移动可由手动或自动两种方式控制。

3. 走丝机构

走丝机构由走丝电机、储丝筒、丝架和导轮等组成。储丝筒安装在储丝筒拖板上,由走丝电机驱动,通过一组行程开关来控制其做周期性的正反旋转。卷丝筒周期性的正反旋转运动再通过齿轮传给卷丝筒拖板的丝杠,使卷丝筒拖板做周期性的往复直线运动,带动其上面的挡块来控制行程开关的通或断。丝架分上、下丝架,用于安装与调节导轮位置。两个椭圆导电块采用密封式结构组装在线架上。钼丝安装在卷丝筒和导轮上,由走丝电机驱动,以一定的速度做往复运动,即走丝运动。丝架立柱上的两个旋钮,用以调整上、下喷管的工作液流量。

4. 工作液及循环系统

数控线切割对工作液有很多要求,要求其具有一定的介电能力、较好的消电离能力和灭弧能力,渗透性好、稳定性好,还应有较好的洗涤性能、防腐性能、润滑性能。快速走丝广泛使用乳化油水溶液。其作用是及时地从加工区域中排除电蚀产物,并连续地充分供给清洁的工作液,以保证脉冲放电过程稳定而顺利地进行。

5. 脉冲电源

脉冲电源是产生脉冲电流的能源装置。它是影响数控线切割加工工艺指标最关键的设备之一。要求其脉冲峰值要适当,脉冲宽度要窄,脉冲频率要高,能够减少钼丝损耗,并使调节方便。

6. 控制系统

控制系统数控是线切割加工最为关键的控制部分,位于控制柜中。它对整个数控线切割加工过程和加工轨迹进行数字控制。

4.2 数控线切割机床的基本操作

4.2.1 工件的安装

工件的安装在加工中是非常重要的,想要在数控线切割机床上加工出合格的工件,首先要对工件进行正确的安装。数控线切割机床夹具比较简单,一般是在通用夹具上采用压板螺钉来固定工件。按照装夹方式的不同可以分为悬臂支撑方式、桥支撑方式、板支撑方式。

1. 悬臂支撑方式

如图 4-2 所示,悬臂支撑方式的特点是支撑装夹稳定,平面定位精度高,工件底面与切割面垂直度好,通用性强,装夹方便。但是由于工件单端压紧,另一端悬空,工件装夹后易出现倾斜的情况,从而使切割表面与工件上、下面垂直度达不到预定的精度。因此,只适合工件的技术要求不高和悬臂部分较小的情况。

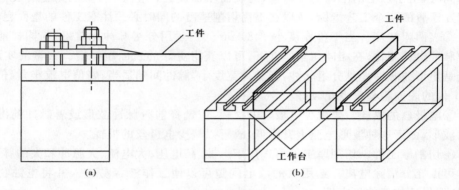

图 4-2　悬臂支撑方式

2. 桥支撑方式

如图 4-3 所示,该方法是在通用夹具下垫上两个支撑铁架。特点是通用性强,装夹方便,适合大、中、小工件的装夹。但是,要注意工件的定位选择。

3. 板支撑方式

如图 4-4 所示,该方法是在通用夹具上垫一块支撑板,尺寸可以根据批量加工的工件尺寸而定,其上加工出矩形或者圆形定位安装孔,可在 X 和 Y 两个方向上定位。特点是装夹精度高,但是通用性差,适合批量生产。

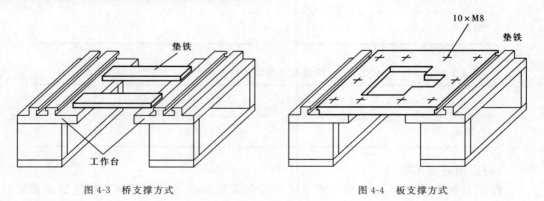

图 4-3　桥支撑方式　　　　　　　　　　图 4-4　板支撑方式

4.2.2　机床基本操作

1. 加工参数选择

在加工中,选择合理的加工参数是至关重要的,参数选择的好与坏将直接影响零件的合格与否。加工中可供选择的有电参数和非电参数。电参数包括峰值电流、脉冲宽度、脉冲频率、脉冲间隔和开路电压等。非电参数包括进给速度、走丝速度和工作液等。

(1)电参数的选择

为了满足某些工艺方面的要求,通常可以改变电参数中的一项或者多项来达到目的。

①切割速度。在要求用较大的加工速度的时候,可以选择较大的峰值电流、脉冲宽度、脉冲频率和开路电压。通过提高这些参数,可以增大切割速度。但是,在提高切割速度的同时,由于加工的平均电流增大,对表面粗糙度会产生影响,切割速度与表面粗糙度是相互矛盾的两个工艺指标,所以在提高切削速度的同时必须注意工件的表面粗糙度。

②表面粗糙度。当工件厚度小于 80 mm 时,运用分组脉冲比较好,与同样能量的矩形波脉冲电源相比,在相同切割速度下,可以获得更好的表面粗糙度。大量的实践表明,无论是矩形波脉冲还是分组脉冲,当脉冲宽度小,脉冲间隔适当,峰值电流小,峰值电压低时,工件的表面粗糙度就比较好。

③电极丝的损耗。要减少电极丝的损耗,应选择前阶脉冲波形或者脉冲前沿上升缓慢的波形,由于这种波形电流上升率低,故可以减少电极丝的损耗。

④切割厚工件。切割厚工件可选用矩形波、高电压、大电流、大脉冲和大的脉冲间隔,这样可以充分消除电离。选用大的放电间隙可以使工作液容易进入并将电蚀物很快带走,从而保证加工的稳定性。

快走丝线切割加工脉冲参数的选择见表 4-1,峰值电流与钼丝的关系见表 4-2。

表 4-1   脉冲参数的选择

应 用	脉冲宽度 $t_i/\mu s$	峰值电流 I_e/A	脉冲间隔 $t_o/\mu s$	开路电压/V
快速切割或者加工厚工件, $R_a > 2.5\ \mu m$	20～40	>12	一般取 $t_o/t_i \geq 3～4$	一般为 70～90
半精加工 $R_a = 1.25～2.5\ \mu m$	6～20	6～12		
精加工 $R_a < 1.25\ \mu m$	2～6	<4.8		

表 4-2   峰值电流与钼丝的关系

钼丝直径/mm	0.06	0.08	0.10	0.12	0.15	0.18
可承受的电流/A	15	20	25	30	37	45

(2)进给速度的选择

线切割加工时,进给速度对切割速度和表面质量都有很大的影响。当进给速度超过工件的蚀除速度时,就会频繁出现短路,从而造成加工不稳定,使实际切割速度降低,加工表面发焦呈现褐色,工件上、下端面处有过烧现象产生。当进给速度大大落后于工件的蚀除速度时,脉冲利用率过低,切割速度大大降低,加工表面发暗,呈淡褐色,工件上、下端面也会有过烧现象。这两种情况,都有可能引起进给速度忽快忽慢,加工不稳定,引起断裂或者过烧现象,这些都是不允许的。当进给速度调节合适的时候,加工稳定,切割速度快,加工表面细致而光亮,丝纹均匀,获得较好的表面粗糙度和较高的精度。操作人员可以根据加工的工件材料、厚度及加工标准来调节控制面板上的调节旋钮,以改变进给速度。

在实际操作中,利用电压表和电流表等来观察加工状态,使之处于较好的加工状态。通过大量的实际操作和理论推导表明,用矩形波脉冲电源进行加工时,无论加工的工件材料、厚度、标准大小如何,只要调节变频进给旋钮,把加工电流调节到大约4倍于矩形波电流的 70%～80%,就可以保证是最佳的加工状态,此时变频进给速度最合理,加工最稳定,切割速度最高。

(3)走丝速度的选择

线切割机床的走丝速度一般不用调节,但是对于走丝速度可以调节的机床来说,在切割厚度比较大且进给速度较快时,可以提高走丝速度,因为走丝速度高有利于电蚀物的排出和冷却,保证加工的稳定进行且不断丝。

(4)工作液的选配

工作液对切割速度、表面粗糙度、加工精度等都有较大影响,加工时必须正确选配。常用的工作液主要有乳化液和去离子水。

目前慢速走丝线切割加工,普遍使用去离子水。为了提高切割速度,在加工时还要加进有利于提高切割速度的导电液,以增加工作液的电阻率。加工淬火钢,使电阻率在 2×10^4 Ω·cm左右,加工硬质合金时电阻率在 30×10^4 Ω·cm 左右。

对于快速走丝线切割加工目前最常用的是乳化液。乳化液是由乳化油和工作介质(浓度为 5%～10%)配制而成的。工作介质可用自来水,也可用蒸馏水、高纯水和磁化水。

2.电极丝的安装

(1)电极丝的选择

电极丝应具有良好的导电性和抗电蚀性,抗拉强度高、材质均匀。常用电极丝有钼丝、钨丝、黄铜丝和包芯丝等。钨丝抗拉强度高,直径在 0.03 mm～0.1 mm 范围内,一般用于各种窄缝的精加工,但价格昂贵。黄铜丝适合于慢速加工,加工表面粗糙度和平直度较好,蚀屑附着少,但抗拉强度差,损耗大,直径在 0.1 mm～0.3 mm 范围内,一般用于慢速单向走丝加工。钼丝抗拉强度高,适于快速走丝加工,所以我国快速走丝机床大都选用钼丝作电极丝,直径在 0.08 mm～0.2 mm 范围内。

电极丝的直径应根据切缝宽窄、工件厚度和拐角尺寸的大小来选择。若加工带尖角、窄缝的小型模具,宜选用较细的电极丝;若加工大厚度工件或大电流切割时,应选用较粗的电极丝。

(2)安装钼丝

将钼丝卷筒放于丝架立柱的安装杆上。然后,将钼丝的一端固定在储丝筒的一端紧固螺钉上,手工转动储丝筒,使钼丝均匀平铺地缠绕在储丝筒,要注意的是,钼丝一定要均匀平铺在储丝筒上,不准重叠或在相邻钼丝间留有较大间距。当钼丝铺满储丝筒表面上所允许的范围后,剪断,并将另一端穿过上、下丝架和加工孔,然后,将另一端固定在卷丝筒的另一端紧固螺钉上。整个过程中,应使钼丝保持一定的拉紧力。安装好的电极丝如图 4-5 所示。

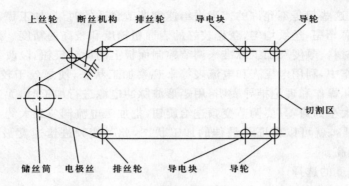

图 4-5　电极丝绕至丝架上示意图

（3）调整行程开关

反向旋转储丝筒，使钼丝在储丝筒上往反方向铺过 2 cm～3 cm，调整靠近此时钼丝位置一侧的卷丝拖板上的行程开关挡块的位置，使其刚好压住行程开关，并上紧，然后，继续反向旋转储丝筒，直到钼丝在储丝筒上铺到距另一侧允许位置 2 cm～3 cm 处，调整靠近此时钼丝位置一侧的卷丝拖板上的行程开关挡块的位置，使其刚好压住另一行程开关，并上紧。

（4）电极丝位置的调整

电极丝位置的准确性对于能否加工出符合精度要求的工件是至关重要的。电极丝必须垂直于工件的装夹基面或者定位面。电极丝位置的调整方法有目测法、火花法、自动找中心法。

①目测法。对于加工要求较低的工件，可以直接用目测法来确定电极丝的位置。如图 4-6 所示，利用穿丝孔画出正交基准线，即目测孔的中心。

②火花法。操作机床使电极丝慢慢靠近毛坯侧面，在产生微弱电火花的瞬时，记下工件的相应坐标，再根据放电间隙推算电极丝的中心坐标。此方法简单易行，但是由于此时的放电间隙和加工中的放电间隙有所不同，故易产生误差。原理图如图 4-7 所示。

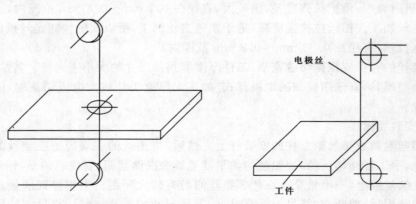

图 4-6　目测法调整电极丝的位置　　　　图 4-7　火花法原理图

③自动找中心法。所谓自动找中心，就是让电极丝在工件孔的中心自动定位。此法是根据线电极与工件的短路信号，来确定电极丝的中心位置。数控功能较强的线切割机

床常用这种方法。如图 4-8 所示,首先让电极丝在 X 轴方向移动至与孔壁接触(使用半程移动指令 G82),则此时当前点 X 坐标为 X_1,接着电极丝往反方向移动与孔壁接触,此时当前点 X 坐标为 X_2,然后系统自动计算 X 方向中点坐标 $X_0[X_0=(X_1+X_2)/2]$,并使线电极到达 X 方向中点 X_0,接着在 Y 轴方向进行上述过程,线电极到达 Y 方向中点坐标 $Y_0[Y_0=(Y_1+Y_2)/2]$。这样经过几次重复就可找到孔的中心位置,如图 4-8 所示。当精度达到所要求的允许值之后,就确定了孔的中心。

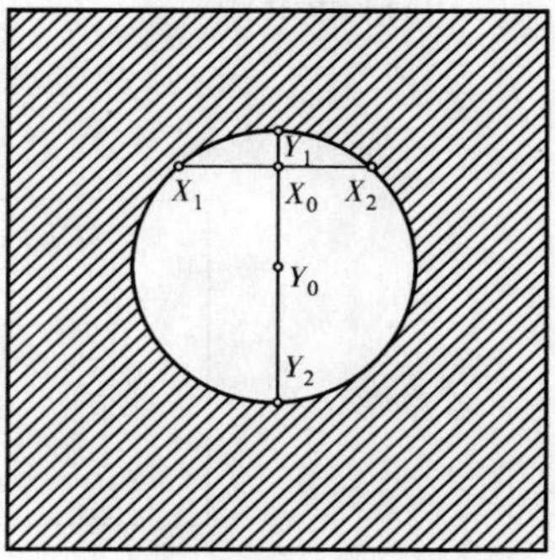

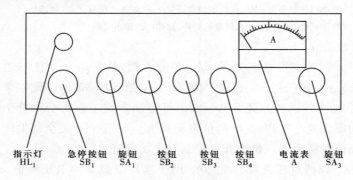

图 4-8　自动找中心法

3.控制系统操作

现以苏州长风 DK7725E 型线切割机床为例,介绍线切割机床的操作。图 4-9 为 DK7725E 型线切割机床的操作面板。

图 4-9　DK7725E 型线切割机床操作面板

指示灯 HL₁　急停按钮 SB₁　旋钮 SA₁　按钮 SB₂　按钮 SB₃　按钮 SB₄　电流表 A　旋钮 SA₃

(1)开机与关机

①开机过程:

- 合上机床主机上电源总开关;
- 松开机床电气面板上急停按钮 SB_1;
- 合上控制柜上电源开关,进入线切割机床控制系统;
- 按要求装上电极丝;
- 逆时针旋转旋钮 SA_1;
- 按按钮 SB_2,启动运丝电机;
- 按按钮 SB_4,启动冷却泵;
- 顺时针旋转旋钮 SA_3,接通脉冲电源。

②关机过程:

- 逆时针旋转旋钮 SA_3,切断脉冲电源;
- 按下急停按钮 SB_1,运丝电机和冷却泵将同时停止工作;
- 关闭控制柜电源;
- 关闭机床主机电源。

(2)脉冲电源

①机床电气柜脉冲电源操作面板,如图 4-10 所示。

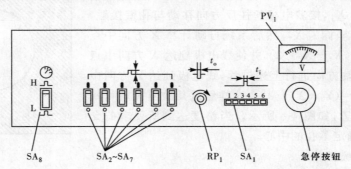

图 4-10　DK7725E 型线切割机床电气柜脉冲电源操作面板

SA_1——脉冲宽度选择开关;$SA_2 \sim SA_7$——功率管选择开关;SA_8——幅
值电压选择开关;RP_1——电位器;PV_1——幅值电压指示;急停按钮——
按下此键,机床运丝、水泵电机全停,脉冲电源输出切断

② 电源参数简介

● 脉冲宽度。脉冲宽度选择开关 SA_1 共分六挡,从左边开始往右边分别为:第一挡
5 μs;第二挡 15 μs;第三挡 30 μs;第四挡 50 μs;第五挡 80 μs;第六挡 120 μs。

● 功率管。功率管选择开关 $SA_2 \sim SA_7$ 可控制参加工作的功率管个数,如六个开关
均接通,六个功率管同时工作,这时峰值电流最大。如五个开关全部关闭,只有一个功率
管工作,此时峰值电流最小。每个开关控制一个功率管。

● 幅值电压。幅值电压选择开关 SA_8 用于选择空载脉冲电压幅值,开关按至"L"位
置,电压为 75 V 左右,按至"H"位置,则电压为 100 V 左右。

● 脉冲间隙。调节电位器 RP_1 阻值,可改变输出矩形波脉冲波形的脉冲间隔 t_o,即能
改变加工电流的平均值,电位器旋置最左,脉冲间隔最小,加工电流的平均值最大。

● 电压表。电压表 PV_1,由 0～150 V 直流表指示空载脉冲幅值电压。

(3)线切割机床控制系统

DK7725E 型线切割机床配有 CNC-10A 自动编程和控制系统。

①系统的启动与退出

在计算机桌面上双击图标 [YH],即可进入 CNC-10A 控制系统。按"Ctrl＋Q"键退出
控制系统。

②CNC-10A 控制系统主界面示意图

CNC-10A 控制系统主界面示意图如图 4-11 所示。

③系统功能及操作详解

CNC-10A 控制系统所有的操作按钮、状态、图形显示全部在屏幕上实现。各种操作
命令均可用鼠标器或相应的按键完成。用鼠标器操作时,可移动鼠标器,使屏幕上显示的
箭状光标指向选定的屏幕按钮或相应位置上,然后单击鼠标器左键,即可选择相应的功
能。现将各种控制功能介绍如下(面板按钮参见图 4-11,其余操作使用鼠标器单击所指

定的屏幕命令）：

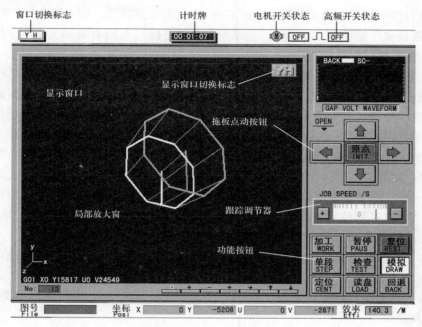

图 4-11 CNC-10A 控制系统主界面

[显示窗口]：该窗口下用来显示加工工件的图形轮廓、加工轨迹或相对坐标、加工代码。

[显示窗口切换标志]：用鼠标器点击该标志（或按"F10"键），可改变显示窗口的内容。系统进入时，首先显示图形，以后每点击一次该标志，依次显示"相对坐标"、"加工代码"、"图形"……其中相对坐标方式，以大号字体显示当前加工代码的相对坐标。

[间隙电压指示]：显示放电间隙的平均电压波形（也可以设定为指针式电压表方式）。在波形显示方式下，指示器两边各有一条 10 等分线段，空载间隙电压定为 100％（即满幅值），等分线段下端的黄色线段指示间隙短路电压的位置。波形显示的上方有两个指示标志，短路回退标志"BACK"，该标志变红色，表示短路；短路率指示，表示间隙电压在设定短路值以下的百分比。

[电机开关状态]：在电机标志右边有状态指示标志 ON（红色）或 OFF（黄色）。ON 状态，表示电机上电锁定（进给）；OFF 状态表示电机释放。用鼠标器点击该标志可改变电机状态（或用数字小键盘区的"Home"键）。

[高频开关状态]：在脉冲波形图符右侧有高频电压指示标志。ON（红色）、OFF（黄色）表示高频的开启与关闭。用鼠标器点击该标志可改变高频状态（或用数字小键盘区的"PgUp"键）。在高频开启状态下，间隙电压指示将显示电压波形。

[拖板点动按钮]：屏幕右中部有上、下、左、右方向四个箭标按钮，可用来控制机床点动运行。若电机为"ON"状态，鼠标器点击这四个按钮可以控制机床按设定参数做 X、Y 或 U、V 方向点动或定长走步。若电机在失电状态"OFF"下，点击移动按钮，仅用做坐标

计数。

[原点]:用鼠标器点击该按钮(或按"I"键)进入回原点功能。若电机为"ON"状态,系统将控制拖板和丝架回到加工起点(包括"$U-V$"坐标),返回时取最短路径;若电机为"OFF"状态,光标返回坐标系原点。

[加工]:工件安装完毕,程序准备就绪后(已模拟无误),可进入加工。用鼠标器点击该按钮(或按"W"键),系统进入自动加工方式。首先自动打开电机和高频,然后进行插补加工。此时应注意屏幕上间隙电压指示器的间隙电压波形(平均波形)和加工电流。若加工电流过小且不稳定,可用鼠标器点击跟踪调节器的"+"按钮(或键盘上的"End"键),加强跟踪效果。反之,若频繁地出现短路等跟踪过快现象,可点击跟踪调节器"−"按钮(或"PgDn"键),使加工电流、间隙电压波形、加工速度平稳。加工状态下,屏幕下方显示当前插补的 $X-Y$、$U-V$ 绝对坐标值,显示窗口绘出加工工件的插补轨迹。显示窗口下方的显示器调节按钮可调整插补图形的大小和位置,或者开启/关闭局部观察窗。点击显示切换标志,可选择图形/相对坐标显示方式。

[暂停]:用鼠标器点击该按钮(或按"P"键或数字小键盘的"Del"键),系统将终止当前的功能(如加工、单段、定位、回退)。

[复位]:用鼠标器点击该按钮(或按"R"键)将终止当前一切工作,消除数据和图形,关闭电机和高频。

[单段]:用鼠标器点击该按钮(或按"S"键),系统自动打开电机和高频,进入插补工作状态;加工至当前代码段结束时,系统自动关闭高频,停止运行。再按[单段]按钮,继续进行下段加工。

[检查]:用鼠标器点击该按钮(或按"T"键),系统以插补方式运行一步,若电机处于"ON"状态,机床拖板将作响应的一步动作,在此方式下可检查系统插补及机床的功能是否正常。

[模拟]:模拟检查功能可检验代码及插补的正确性。在电机失电状态下("OFF"状态),系统以每秒 2500 步的速度快速插补,并在屏幕上显示其轨迹及坐标。若在电机锁定状态下("ON"状态),机床空走插补,拖板将随之动作,可检查机床控制联动的精度及正确性。"模拟"操作方法如下:

● 读入加工程序;

● 根据需要选择电机状态后,按[模拟]按钮(或按"D"键),即进入模拟检查状态。

屏幕下方显示当前插补的 $X-Y$、$U-V$ 坐标值(绝对坐标),若需要观察相对坐标,可用鼠标器点击显示窗口右上角的[显示窗口切换标志](或按"F10"键),系统将以大号字体显示,再点击[显示窗口切换标志],将交替地处于图形/相对坐标显示方式,按下显示调节按钮最左边的局部观察钮(或按"F1"键),可在显示窗口的左上角打开一局部观察窗,在观察窗内显示放大十倍的插补轨迹。若需中止模拟过程,可按[暂停]按钮。

[定位]:系统可依据机床参数设定自动定中心及±X、±Y 四个端面。

定位方式选择:

● 用鼠标器点击屏幕右中处的参数窗标志[OPEN](或按"O"键),屏幕上将弹出参数设定窗口,可见其中有[定位 LOCATION XOY]一项;

● 将光标移至"XOY"处轻点左键,将依次显示为 XOY、XMAX、XMIN、YMAX、YMIN;

● 选定合适的定位方式后,用鼠标器点击参数设定窗口左下角的 CLOSE 标志。

定位:

将鼠标器移至[电机开关状态]处点击电机状态标志,使其成为"ON"状态(原为"ON"状态可省略)。按[定位]按钮(或按"C"键),系统将根据选定的方式自动进行对中心、定端面的操作。在钼丝遇到工件某一端面时,屏幕上会在相应位置显示一条亮线。按[暂停]按钮可终止定位操作。

[读盘]:将存有加工代码文件的软盘插入软驱中,用鼠标器点击该按钮(或按"L"键),屏幕将出现"磁盘上存贮全部代码文件名"的数据窗口。用鼠标器指向需读取的文件名,点击左键,该文件名背景变成黄色;然后用鼠标器点击该数据窗口左上角的"囗"(撤消)按钮,系统自动读入选定的代码文件,并快速绘出图形。该数据窗口的右边有上、下两个三角标志"△"按钮,可用来向前或向后翻页,当代码文件不在第一页中显示时,可用翻页来选择。

[回退]:系统具有自动/手动回退功能 。在加工或单段加工中,一旦出现高频短路现象,系统即自动停止插补,若在设定的控制时间内(由机床参数设置),短路达到设定的次数,系统将自动回退。若在设定的控制时间内,短路仍不能消除,系统将自动切断高频,停机。在系统静止状态下(非[加工]或[单段]状态下),按下[回退]按钮(或按"B"键),系统做回退运行,回退至当前段结束时,自动停止;若再按该按钮,继续前一段的回退。

[跟踪调节器]:该调节器用来调节跟踪的速度和稳定性,调节器中间红色指针表示调节量的大小。表针向左移动,位跟踪加强(加速);向右移动,位跟踪减弱(减速)。指针表两侧有两个按钮,即"+"按钮表示(或键盘上的"End"键)加速,"—"按钮表示(或"PgDn"键)减速;调节器上方英文字母 JOB SPEED/S 后面的数字量表示加工的瞬时速度。单位为步/秒。

[段号显示]:此处显示当前加工的代码段号,也可用鼠标器点击该处,在弹出屏幕小键盘后,键入需要切割的段号

注:锥度切割时,不能任意设置段号。

[局部观察窗]:点击该按钮(或按"F1"键),可在显示窗口的左上方打开一局部窗口,其中将显示放大十倍的当前插补轨迹;再按该按钮时,局部观察窗关闭。

[图形显示调整]:这六个按钮有双重功能,在图形显示状态时,其功能依次为:

"+"或 F2 键:图形放大 1.2 倍

"—"或 F3 键:图形缩小 0.8 倍

"←"或 F4 键:图形向左移动 20 个单位

"→"或 F5 键:图形向右移动 20 个单位

"↑"或 F6 键:图形向上移动 20 个单位

"↓"或 F7 键:图形向下移动 20 个单位

[坐标]:屏幕下方"坐标"部分显示 X、Y、U、V 的绝对坐标值。

[效率]:此处显示加工的效率,单位:mm/min;系统每加工完一条代码,即自动统计

所用的时间,并求出效率。

[图形显示的缩放及移动]:在图形显示窗下有小按钮图标,从最左边算起分别为对称加工,平移加工,旋转加工和局部放大窗开启/关闭(仅在模拟或加工状态下有效),其余依次为放大、缩小、左移、右移、上移、下移,可根据需要选用这些功能,调整在显示窗口中图形的大小及位置。

具体操作可用鼠标器点击相应的按钮,或从局部放大直接按 F1、F2、F3、F4、F5、F6、F7 键。

[代码的显示、编辑、存盘和倒置]:用鼠标器点击显示窗右上角的[显示切换标志](或"F10"键),显示窗依次为图形显示、相对坐标显示、代码显示(模拟、加工、单段工作时不能进入代码显示方式)。

在代码显示状态下用鼠标器点击任一有效代码行,该行即点亮,系统进入编辑状态,显示调节功能按钮上的标记符号变成:S、I、D、Q、↑、↓,各键的功能变换成:

S——代码存盘　　　　　　I——代码倒置(倒走代码变换)

D——删除当前行(点亮行)Q——退出编辑状态

↑——向上翻页　　　　　　↓——向下翻页

在编辑状态下可对当前点亮行进行输入、删除操作(键盘输入数据)。编辑结束后,按"Q"键退出,返回图形显示状态。

[计时牌功能]:系统在加工、模拟、单段工作时,自动打开计时牌。终止插补运行,计时自动停止。用光标点击计时牌,或按"O"键可将计时牌清零。

[倒切割处理]:读入代码后,点击[显示窗口切换标志]或按"F10"键,直至显示加工代码。用光标在任一行代码处轻点一下,该行点亮。窗口下面的图形显示调整按钮标志转成 S、I、D、Q 等;按"I"按钮,系统自动将代码倒置(上下异形件代码无此功能);按"Q"键退出,窗口返回图形显示。在右上角出现倒走标志"V",表示代码已倒置,加工、单段、模拟以倒置方式工作。

[断丝处理]:加工遇到断丝时,可使用鼠标器按[原点](或按"I"键)拖板将自动返回原点,锥度丝架也将自动回值。

若工件加工已将近结束,可将代码倒置后,再行切割(反向切割)。

注:断丝后切不可关闭电机,否则即将无法正确返回原点。

(4)线切割机床绘图式自动编程系统

①CNC-10A 绘图式自动编程系统界面

在控制屏幕中用光标点击左上角的[YH]窗口切换标志(或按"Esc"键),系统将转入 CNC-10A 编程屏幕。图 4-12 为绘图式自动编程系统主界面。

②CNC-10A 绘图式自动编程系统图标命令和菜单命令简介

CNC-10A 绘图式自动编程系统的操作集中在 20 个命令图标和 4 个弹出式菜单内,它们构成了系统的基本工作平台。在此平台上,可进行绘图和自动编程。表 4-3 为 20 个绘图命令图标功能简介,图 4-13 为 CNC-10A 自动编程系统的菜单功能。

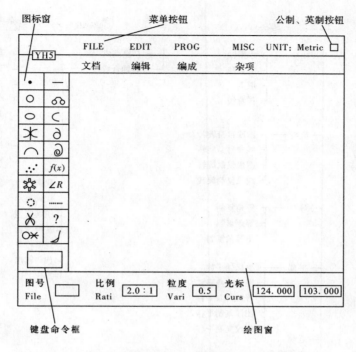

图 4-12　CNC-10A 绘图式自动编程系统界面示意图

表 4-3 　　　　　　　　　　　　　 **绘图命令图标功能简介**

绘图命令	图标	绘图命令	图标
点输入	•	直线输入	—
圆输入	◯	公切线/公切圆输入	∞
椭圆输入	⬭	抛物线输入	⊂
双曲线输入	✳	渐开线输入	∂
摆线输入	⌢	螺旋线输入	◉
列表点输入	∴	任意函数方程输入	$f(x)$
齿轮输入	✳	过渡圆输入	∠R
辅助圆输入	◌	辅助线输入	··········
删除线段	✂	询问	?
清理	○✳	重画	⌡

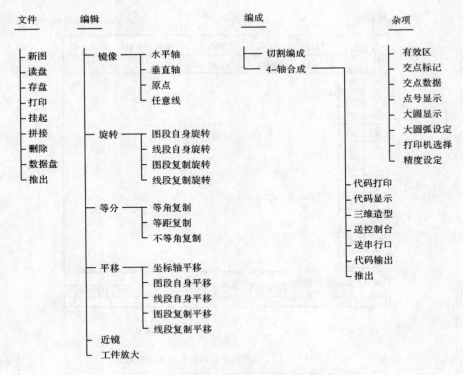

图 4-13　CNC-10A 自动编程系统的菜单功能

4.3　操作实例

采用快走丝线切割机床,在一平板毛坯上切割加工出一个如图 4-14 所示的工件(板厚 10 mm),毛坯材料为 60 mm×60 mm 淬火钢。

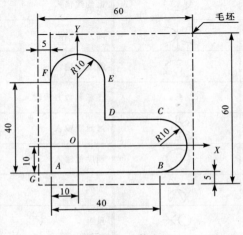

图 4-14　工件

4.3.1　零件图与工艺分析

1.零件图分析

本例零件的轮廓由圆弧和直线组成,几何元素之间关系清楚,条件充分,编程时所需节点坐标容易求得。工件材料为淬火钢,可用线切割进行加工。

2.工艺处理(如刀具、加工参数、工艺卡片、毛坯等)

为满足技术要求,采取以下措施:

(1)采用直径为 0.12 mm 的钼丝。

(2)选择合理的加工参数,以保证切割表面粗糙度和加工精度的要求。加工时的参数为:幅值电压 80 V;脉冲宽度 10 μs;脉冲间隔 30 μs;平均电流 1.5 A;放电间隙 0.01 mm;走丝速度 9 m/s;工作液为乳化液。

(3)工件的装夹采用两端支撑方式。

(4)切割加工工艺路线。从避免或减少工件材料内部组织及内应力对加工变形的影响,以及从避免或减少加工痕迹等方面考虑,切割起点选在毛坯 G 点。具体的切割加工路线为 $G \rightarrow A \rightarrow B \rightarrow C \rightarrow D \rightarrow E \rightarrow F \rightarrow G$。

(5)补偿量 F 的确定。

$$F = d/2 + \delta$$

式中,d 为钼丝直径;δ 为放电间隙。$F = d/2 + \delta = 0.12/2 + 0.01 = 0.07$ mm $= 70$ μm,加工过程中采用右补偿。

3.加工程序及其说明

加工如图 4-14 所示零件外形,毛坯尺寸为 60 mm×60 mm,对刀位置必须设在毛坯之外,以图中 G 点坐标(−20,−10)作为起刀点,A 点坐标(−10,−10)作为起割点,加工程序如下:

```
G92   X−20000   Y−10000      (以 O 点为原点建立工件坐标系,起刀点坐标为(−20,−10))
G01   X10000   Y0            (从 G 点走到 A 点,A 点为起割点)
G01   X40000   Y0            (从 A 点到 B 点)
G03   X0   Y20000   I0   J10000   (从 B 点到 C 点)
G01   X−20000   Y0          (从 C 点到 D 点)
G01   X0   Y20000           (从 D 点到 E 点)
G03   X−20000   Y0   I−10000   J0   (从 E 点到 F 点)
G01   X0   Y−40000          (从 F 点到 A 点)
G01   X−10000   Y0          (从 A 点回到起刀点 G)
M00                         (程序结束)
```

如使用 3B 格式编程,程序如下:

```
B10000   B0   B10000   GX   L1     (从 G 点走到 A 点,A 点为起割点)
B40000   B0   B40000   GX   L1     (从 A 点到 B 点)
B   B10000   B20000   GX   NR4     (从 B 点到 C 点)
B20000   B0   B20000   GX   L3     (从 C 点到 D 点)
B0   B20000   B20000   GY   L2     (从 D 点到 E 点)
```

B10000	B0	B20000	GY	NR4	(从 E 点到 F 点)
B0	B40000	B40000	GY	L4	(从 F 点到 A 点)
B10000	B0	B10000	GX	L3	(从 A 点回到起刀点 G)
D					(程序结束)

4.3.2　操作过程

(1)合上机床主机上的电源开关;

(2)合上机床控制柜上的电源开关,启动计算机,双击计算机桌面上 YH 图标,进入线切割控制系统;

(3)解除机床主机上的急停按钮;

(4)按机床润滑要求加注润滑油;

(5)开启机床空载运行两分钟,检查其工作状态是否正常;

(6)按所加工零件的尺寸、精度、工艺等要求,在线切割机床自动编程系统中编制线切割加工程序,并送控制台。或手工编制加工程序,并通过软驱读入控制系统;

(7)在控制台上对程序进行模拟加工,以确认程序准确无误;

(8)工件装夹;

(9)开启运丝筒;

(10)开启冷却液;

(11)选择合理的电加工参数;

(12)手动或自动对刀;

(13)点击控制台上的[加工]键,开始自动加工;

(14)加工完毕后,按"Ctrl+Q"键退出控制系统,并关闭控制柜电源;

(15)拆下工件,清理机床;

(16)关闭机床主机电源。

实训参考题

4-1　加工如图 4-15 所示零件外形,毛坯尺寸为 90 mm×60 mm×10 mm。要求:

(1)采用手工或自动编程;

(2)按图纸尺寸要求加工零件外形。

4-2　如图 4-16 所示,已知齿轮的模数 $m=1.25$,齿数 $z=28$,齿顶圆直径 $D=37.5$ mm,齿根圆直径 $d=31$ mm,齿厚 $h=10$ mm。齿轮毛坯为 $\phi50×10$ mm 圆坯,中间钻有一个 $\phi10$ mm 穿丝孔。要求:

(1)采用绘图式自动编程系统,编制出齿形、内孔及键槽的线切割加工程序;

(2)为了保证齿形与内孔的同心度,要求齿形、内孔及键槽采用一次装夹,用一个程序加工出来;

(3)其他按图纸技术要求。

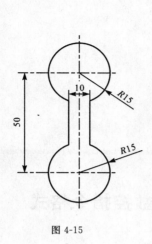

图 4-15

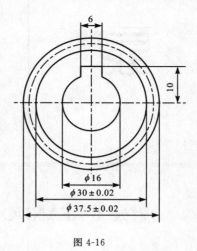

图 4-16

附 录

附录 1　FANUC 0i 数控指令格式

数控程序是若干个程序段的集合。每个程序段独占一行，每个程序段由若干个字组成，每个字由地址和跟随其后的数字组成。地址是一个英文字母。一个程序段中各个字的位置没有限制，长期以来以下排列方式已经成为大家都认可的方式：

N	G＿	X＿ Y＿ Z＿	F＿	S＿	T＿	M＿	LF
行号	准备功能	位置代码	进给功能	主轴转速	刀具号	辅助功能	行结束

在一个程序段中间如果有多个相同地址的字出现，或者同组的 G 功能，取最后一个有效。

1．行号

Nxxxx 程序的行号，可以不要，但是有行号，在编辑时会方便些。行号可以不连续。行号最大为 9999，超过后再从 1 开始。

选择跳过符号"/"，只能置于程序的起始位置，如果有这个符号，并且机床操作面板上"选择跳过"打开，本条程序不执行。这个符号多用在调试程序，如在开启冷却液的程序前加上这个符号，在调试程序时可以使这条程序无效，而正式加工时使其有效。

2．准备功能

地址"G"和数字组成的字表示准备功能，也称之为 G 功能。G 功能根据其功能分为若干个组，在同一条程序段中，如果出现多个同组的 G 功能，那么取最后一个有效。

G 功能分为模态与非模态两类。一个模态 G 功能被指令后，直到同组的另一个 G 功能被指令才无效。而非模态的 G 功能仅在其被指令的程序段中有效。

例：

……

N10　G01　X250.　Y300.

N11　G04　X100.

N12　G01　Z－120.

N13　X380.　Y400.

……

在这个例子的 N12 这条程序中出现了"G01"功能,由于这个功能是模态的,所以尽管在 N13 这条程序中没有"G01",但是其作用还是存在的。

3. 辅助功能

地址"M"和两位数字组成的字表示辅助功能,也称之为 M 功能。

4. 主轴转速

地址"S"后跟四位数字;单位为转/分钟。

格式:Sxxxx

5. 进给功能

地址"F"后跟四位数字;单位:毫米/分钟。

格式:Fxxxx

尺寸字地址:X,Y,Z,I,J,K,R

数值范围:+999999.999 mm ~ -999999.999 mm

6. FANUC 0i 数控铣床和加工中心 G 代码(附表 1-1)

附表 1-1   G 代码

代码	分组	意义	格式
G00		快速进给、定位	G00 X__ Y__ Z__
G01		直线插补	G01 X__ Y__ Z__
G02	01	圆弧插补 CW(顺时针)	XY 平面内的圆弧: $G17 \begin{Bmatrix} G02 \\ G03 \end{Bmatrix} X\_\_ \quad Y\_\_ \begin{Bmatrix} R\_\_ \\ I\_\_ \quad J\_\_ \end{Bmatrix}$ XZ 平面内的圆弧: $G18 \begin{Bmatrix} G02 \\ G03 \end{Bmatrix} X\_\_ \quad Z\_\_ \begin{Bmatrix} R\_\_ \\ I\_\_ \quad K\_\_ \end{Bmatrix}$
G03		圆弧插补 CCW(逆时针)	YZ 平面内的圆弧: $G19 \begin{Bmatrix} G02 \\ G03 \end{Bmatrix} Y\_\_ \quad Z\_\_ \begin{Bmatrix} R\_\_ \\ J\_\_ \quad K\_\_ \end{Bmatrix}$
G04	00	暂停	G04 [P|X] 单位秒,增量状态单位毫秒,无参数状态表示停止
G15		取消极坐标指令	G15 取消极坐标方式
G16	17	极坐标指令	Gxx Gyy G16 开始极坐标指令 G00 IP__ 极坐标指令 Gxx:极坐标指令的平面选择(G17,G18,G19) Gyy:G90 指定工件坐标系的零点为极坐标的原点 G91 指定当前位置作为极坐标的原点 IP:指定极坐标系选择平面的轴地址及其值 第 1 轴:极坐标半径 第 2 轴:极角

（续表）

代码	分组	意义	格式
G17	02	XY 平面	G17 选择 XY 平面 G18 选择 ZX 平面 G19 选择 YZ 平面
G18		ZX 平面	
G19		YZ 平面	
G20	06	英制输入	
G21		XY 平面	
G28		回归参考点	G28 X__ Y__ Z__
G29		由参考点回归	G29 X__ Y__ Z__
G40	07	刀具半径补偿取消	G40
G41		左半径补偿	⎰G41⎱ Dnn
G42		右半径补偿	⎰G42⎱
G43	08	刀具长度补偿＋	⎰G43⎱ Hnn
G44		刀具长度补偿－	⎰G44⎱
G49		刀具长度补偿取消	G49
G50		取消缩放	G50
G51	11	比例缩放	G51 X__ Y__ Z__ P__:缩放开始 X__ Y__ Z__:比例缩放中心坐标的绝对值指令 P__:缩放比例 G51 X__ Y__ Z__ I__ J__ K__:缩放开始 X__ Y__ Z__:比例缩放中心坐标的绝对值指令 I__ J__ K__:X,Y,Z 各轴对应的缩放比例
G52	00	设定局部坐标系	G52 IP__:设定局部坐标系 G52 IP0:取消局部坐标系 IP:局部坐标系原点
G53		机械坐标系选择	G53 X__ Y__ Z__
G54	14	选择工件坐标系 1	GXX
G55		选择工件坐标系 2	
G56		选择工件坐标系 3	
G57		选择工件坐标系 4	
G58		选择工件坐标系 5	
G59		选择工件坐标系 6	
G68	16	坐标系旋转	(G17/G18/G19)G68 a__ b__ R__:坐标系开始旋转 G17/G18/G19:平面选择,在其上包含旋转的形状 a__ b__:与指令坐标平面相应的 X、Y、Z 中的两个轴的绝对指令,在 G68 后面指定旋转中心 R__:角度位移,正值表示逆时针旋转。根据指令的 G 代码(G90 或 G91)确定绝对值或增量值 最小输入增量单位:0.001deg 有效数据范围:－360.000～360.000
G69		取消坐标轴旋转	G69

代码	分组	意义	格式
G73	09	深孔钻削固定循环	G73　X__　Y__　Z__　R__　Q__　F__
G74		攻螺纹固定循环	G74　X__　Y__　Z__　R__　P__　F__
G76		精镗固定循环	G76　X__　Y__　Z__　R__　Q__　F__
G90	03	绝对方式指定	GXX
G91		相对方式指定	
G92	00	工作坐标系的变更	G92　X__　Y__　Z__
G98	10	返回固定循环初始点	GXX
G99		返回固定循环 R 点	
G80		固定循环取消	
G81		钻削固定循环、钻中心孔	G81　X__　Y__　Z__　R__　F__
G82		钻削固定循环、锪孔	G82　X__　Y__　Z__　R__　P__　F__
G83		深孔钻削固定循环	G83　X__　Y__　Z__　R__　Q__　F__
G84	09	攻螺纹固定循环	G84　X__　Y__　Z__　R__　F__
G85		镗削固定循环	G85　X__　Y__　Z__　R__　F__
G86		退刀镗削固定循环	G86　X__　Y__　Z__　R__　P__　F__
G88		镗削固定循环	G88　X__　Y__　Z__　R__　P__　F__
G89		镗削固定循环	G89　X__　Y__　Z__　R__　P__　F__

7. FANUC 0i 数控铣床和加工中心 M 代码（附表 1-2）

表 1-2　　　　　　　　　　　　　　M 代码

代码	意义	格式
M00	停止程序运行	
M01	选择性停止	
M02	结束程序运行	
M03	主轴正向转动开始	
M04	主轴反向转动开始	
M05	主轴停止转动	
M06	换刀指令	M06　T__
M08	冷却液开启	
M09	冷却液关闭	
M30	结束程序运行且返回程序开头	
M98	子程序调用	M98 Pxxnnnn 调用程序号为 Onnnn 的程序 xx 次
M99	子程序结束	子程序格式： Onnnn … … … M99

附录 2　SIEMENS 802D 数控指令格式

1. SIEMENS 系统数控铣床和加工中心 G 代码(附表 2-1)

附表 2-1　　　　　　　　　　　　　　　　　G 代码

分类	分组	代码	意义	格式	备注
插补	1	G0	快速插补(笛卡儿坐标)	G0　X＿　Y＿　Z＿	在直角坐标系中
			快速插补(笛卡儿坐标)	G0　AP＝＿　RP＿或者 G0　AP＝＿　RP＝＿　Z＿	在极坐标系中
		G1	直线插补(笛卡儿坐标)	G1　X＿　Y＿　Z＿　F＿	在直角坐标系中
			直线插补(笛卡儿坐标)	G1　AP＝＿　RP＿　F＿　或者 G1　AP＝＿　RP＝＿　Z＿　F＿	在极坐标系中
		G2	顺时针圆弧(笛卡儿坐标,终点＋圆心)	G2　X＿　Y＿　I＿　J＿　F＿	XY确定终点,Z、J、F确定圆心
			顺时针圆弧(笛卡儿坐标,终点＋半径)	G2　X＿　Y＿　CR＝＿　F＿	XY确定终点,CR为半径(大于0为优弧,小于0为劣弧)
			顺时针圆弧(笛卡儿坐标,圆心＋圆心角)	G2　AR＝＿　I＿　J＿　F＿	AR确定圆心角(0到360°),Z、J、F确定圆心
			顺时针圆弧(笛卡儿坐标,终点＋圆心角)	G2　AR＝＿　X＿　Y＿　F＿	AR确定圆心角(0到360°),XY确定终点
				G2　AP＝＿　RP＿　F＿　或者 G2　AP＝＿　RP＝＿　Z＿　F＿	
		G3	逆时针圆弧(笛卡儿坐标,终点＋圆心)	G3　X＿　Y＿　I＿　J＿　F＿	
			逆时针圆弧(笛卡儿坐标,终点＋半径)	G3　X＿　Y＿　CR＝＿　F＿	
			逆时针圆弧(笛卡儿坐标,圆心＋圆心角)	G3　AR＝＿　I＿　J＿　F＿	
				G3　AR＝＿　X＿　Y＿　F＿	
			逆时针圆弧(笛卡儿坐标,终点＋圆心角)	G3　AP＝＿　RP＿　F＿或者 G3　AP＝＿　RP＝＿　Z＿　F＿	
		G33	恒螺距的螺纹切削	S＿　M＿	主轴速度,方向
				G33Z＿　K＿	带有补偿夹具的锥螺纹切削
		G331	螺纹插补	N10　SPOS＝	主轴处于位置调节状态
				N20　G331　Z＿　K＿　S＿	在主轴方向不带补偿夹具攻丝;右旋螺纹或左旋螺纹通过螺距的符号(比如 K＋)确定: ＋:同 M3 －:同 M4

分类	分组	代码	意义	格式	备注
		G332	不带补偿夹具切削内螺纹——退刀	G332 Z__ K__	不带补偿夹具切削螺纹——Z退刀;螺距符号同G331
平面	6	G17	指定 X/Y 平面	G17	该平面上的垂直轴为刀具长度补偿轴
		G18	指定 Z/X 平面	G18	该平面上的垂直轴为刀具长度补偿轴
		G19	指定 Y/Z 平面	G19	该平面上的垂直轴为刀具长度补偿轴
增量设置	4	G90	绝对尺寸	G90	
		G91	增量尺寸	G91	
单位	3	G70	英制尺寸	G70	
		G71	公制尺寸	G71	
工件坐标	8	G500	取消可设定零点偏值	G500	
		G55	第二可设定零点偏值	G55	
		G56	第三可设定零点偏值	G56	
		G57	第四可设定零点偏值	G57	
		G58	第五可设定零点偏值	G58	
		G59	第六可设定零点偏值	G59	
复位	2	G74	回参考点(原点)	G74 X1=__ Y1=__ Z1=__	回原点的速度为机床固定值,指定回参考点的轴不能有Transformation? 若有,需用TRAFOOF取消
		G75	回固定点	G75 X1=__ Y1=__ Z1=__	
刀具补偿	7	G40	刀尖半径补偿方式的取消	G40	在指令 G40、G41 和 G42 的一行中必须同时有 G0 或 G1 指令(直线),且要指定一个当前平面内的一个轴,如在 XY 平面下,N20 G1 G41 Y50
		G41	调用刀尖半径补偿,刀具在轮廓左侧移动	G41	
		G42	调用刀尖半径补偿,刀具在轮廓左侧移动	G42	
	9	G53	按程序段方式取消可设定零点偏值	G53	
	8	G450	圆弧过渡	G450	
		G451	等距线的交点,刀具在工件转角处不切削	G451	

2. SIEMENS 系统数控铣床和加工中心 M 代码(附表 2-2)

附表 2-2   M 代码

代码	意义	格式	备注
M0	程序停止	M0	用 M0 停止程序的执行;按"启动"键加工继续执行
M1	程序有条件停止	M1	与 M0 一样,但仅在出现专门信号后才生效
M2	程序结束	M2	在程序的最后一段被写入
M3	主轴顺时针旋转	M3	
M4	主轴逆时针旋转	M4	
M5	主轴停转	M5	
M6	更换刀具	M6	在机床数据有效时用 M6 更换刀具,其他情况下用 T 指令进行

3. 其他指令(附表 2-3)

附表 2-3   其他指令

指令	意义	格式
IF	有条件程序跳跃	LABEL: IF expression GOTOB LABEL 或 IF expression GOTOF LABEL LABEL: IF 条件关键字 GOTOB 带向后跳跃目的的跳跃指令(朝程序开头) GOTOF 带向前跳跃目的的跳跃指令(朝程序结尾) LABEL 目的(程序内标号) LABEL:跳跃目的;冒号后面为跳跃目的名 == 等于 <> 不等于;> 大于;< 小于 >= 大于或等于;<= 小于或等于
COS( )	余弦	Cos(x)
SIN( )	正弦	Sin(x)
SQRT( )	开方	SQRT(x)
TAN( )	正切	TAN(x)
POT( )	平方值	POT(x)
TRUNC( )	取整	TRUNC(x)
ABS( )	绝对值	ABS(x)
GOTOB	向后跳转指令。与跳转标志符一起,表示跳转到所标志的程序段,跳转方向向前	标号: GOTOB LABEL 参数意义同 IF

（续表）

指令	意义	格式
GOTOF	向前跳转指令。与跳转标志符一起,表示跳转到所标志的程序段,跳转方向向后	GOTOF LABEL 标号: 参数意义同 IF
MCALL	循环调用	如:N10 MCALL CYCLE…(1.78,8,…)
CYCLE82	平底扩孔固定循环	CYCLE82 (RTP,RFP,SDIS,DP,DPR,DTB) DTB:在最终深度处停留的时间 其余参数的意义同 CYCLE81 例: N10 G0 G90 F200 S300 M3 N20 D3 T3 Z110 N30 X24 Y15 N40 CYCLE82 (110, 102, 4, 75, , 2) N50 M02
CYCLE83	深孔钻削固定循环	CYCLE83(RTP, RFP, SDIS, DP, DPR, FDEP, FDPR, DAM, DTB, DTS, FRF, VART,＿ AXN,＿ MDEP,＿ VRT,＿ DTD,＿ DIS1) 　FDEP:首钻深度(绝对坐标) 　FDPR:首钻相对于参考平面的深度 　DAM:递减量(＞0 时表示按参数值递减;＜0 时表示递减速率;＝0 时表示不做递减) 　DTB:在此深度停留的时间(＞0 时表示停留秒数;＜0时表示停留转数) 　DTS:在起点和排屑时的停留时间(＞0,停留秒数;＜0,停留转数) 　FRF:首钻进给率 　VART:加工方式(0 表示切削;1 表示排屑) 　＿ AXN:工具坐标轴(1 表示第一坐标轴;2 表示第二坐标轴;其他的表示第三坐标轴) 　＿ MDEP:最小钻孔深度 　＿ VRT:可变的切削回退距离(＞0 时表示回退距离;0 时表示设置为 1mm) 　＿ DTD:在最终深度处的停留时间(＞0 时表示停留秒数;＜0 时表示停留转数;＝0 时表示停留时间同 DTB) 　＿ DIS1:可编程的重新插入孔中的极限距离 　其余参数的意义同 CYCLE81 　例: 　N10 G0 G17 G90 F50 S500 M4 　N20 D1 T42 Z155 　N30 X80 Y120 　N40 CYCLE83 (155, 150, 1, 5, , 100, , 20, , , 1, 0, , , 0.8) 　N50 X80 Y60 　N60 CYCLE83 (155, 150, 1, , 145, , 50, −0.6, 1, , 1, 0, , , 10, , , 0.4) 　N70 M02

（续表）

指令	意义	格式
CYCLE84	攻螺纹固定循环	CYCLE84（RTP，RFP，SDIS，DP，DPR，DTB，SDAC，MPIT，PIT，POSS，SST，SST1） 　　SDAC：循环结束后的旋转方向（可取值为 3，4，5） 　　MPIT：螺纹尺寸的斜度 　　PIT：斜度值 　　POSS：循环结束时，主轴所在位置 　　SST：攻螺纹速度 　　SST1：回退速度 　　其余参数的意义同 CYCLE81 　　例： 　　N10 G0 G90 T4 D4 　　N20 G17 X30 Y35 Z40 　　N30 CYCLE84（40，36，2，，30，，3，5，，90，200，500） 　　N40 M02
CYCLE85	钻孔循环 1	CYCLE85（RTP，RFP，SDIS，DP，DPR，DTB，FFR，RFF） 　　FFR：进给速率 　　RFF：回退速率 　　其余参数的意义同 CYCLE81 　　例： 　　N10 FFR＝300 RFF＝1.5 * FFR S500 M4 　　N20 G18 Z70 X50 Y105 　　N30 CYCLE85（105，102，2，25，，300，450） 　　N40 M02
CYCLE86	钻孔循环 2	CYCLE86（RTP，RFP，SDIS，DP，DPR，DTB，SDIR，RPA，RPO，RPAP，POSS） 　　SDIR：旋转方向（可取值为 3，4） 　　RPA：在活动平面上横坐标的回退方式 　　RPO：在活动平面上纵坐标的回退方式 　　RPAP：在活动平面上钻孔的轴的回退方式 　　POSS：循环停止时主轴的位置 　　其余参数的意义同 CYCLE81 　　例： 　　N10 G0 G17 G90 F200 S300 　　N20 D3 T3 Z112 　　N30 X70 Y50 　　N40 CYCLE86（112，110，，77，，2，3，－1，－1，＋1，45） 　　N50 M02

（续表）

指令	意义	格式
CYCLE88	钻孔循环4	CYCLE88（RTP,RFP,SDIS,DP,DPR,DTB,SDIR） 　　DTB:在最终孔深处的停留时间 　　SDIR:旋转方向(可取值为3,4) 　　其余参数的意义同CYCLE81 　　例: 　　N10 G17 G90 F100 S450 　　N20 G0 X80 Y90 Z105 　　N30 CYCLE88 (105, 102, 3, , 72, 3, 4) 　　N40 M02
CYCLE93	切槽循环	CYCLE93（SPD, SPL, WIDG, DIAG, STA1, ANG1, ANG2, RCO1, RCO2, RCI1, RCI2, FAL1, FAL2, IDEP, DTB, VARI） 　　例: 　　N10 G0 G90 Z65 X50 T1 D1 S400 M3 　　N20 G95 F0. 2 　　N30 CYCLE93 (35, 60, 30, 25, 5, 10,20, 0, 0, −2, −2, 1, 1, 10, 1, 5) 　　N40 G0 G90 X50 Z65 　　N50 M02
CYCLE94	凹凸切削循环	CYCLE94（SPD，SPL，FORM） 　　例: 　　N10 T25 D3 S300 M3 G95 F0. 3 　　N20 G0 G90 Z100 X50 　　N30 CYCLE94 (20, 60, "E") 　　N40 G90 G0 Z100 X50 　　N50 M02
CYCLE95	毛坯切削循环	CYCLE95（NPP, MID, FALZ, FALX, FAL, FF1, FF2, FF3, VARI, DT, DAM, __ VRT） 　　例: 　　N110 G18 G90 G96 F0. 8 　　N120 S500 M3 　　N130 T11 D1 　　N140 G0 X70 　　N150 Z60 　　N160 CYCLE95("contour",2.5,0.8,0.8, 0,0.8, 0.75,0.6,1) 　　N170 M02 　　PROC contour 　　N10 G1 X10 Z100 F0. 6 　　N20 Z90 　　N30 Z=AC(70) ANG=150 　　N40 Z=AC(50) ANG=135 　　N50 Z=AC(50) X=AC(50) 　　N60 M02
CYCLE97	螺纹切削	CYCLE97（PIT, MPIT, SPL, FPL, DM1, DM2, APP, ROP, TDEP, FAL, IANG, NSP, NRC, NID, VARI, NUMT） 　　例: 　　N10 G0 G90 Z100 X60 　　N20 G95 D1 T1 S1000 M4 　　N30 CYCLE97 (, 42, 0, −35, 42, 42, 10, 3, 1.23, 0, 30, 0, 5, 2, 3, 1) 　　N40 G90 G0 X100 Z100 　　N50 M02

附录 3　华中数控指令格式

1. 华中数控铣床及加工中心 G 代码(附表 3-1)

附表 3-1　　　　　　　　　　　　　G 代码

代码	分组	意义	格式
G00		快速进给	G00 X＿　Y＿　Z＿　A＿ X,Y,Z,A:在 G90 时为终点在工件坐标系中的坐标;在 G91 时为终点相对于起点的位移量
G01		直线插补	G01 X＿　Y＿　Z＿　A＿　F＿ X,Y,Z,A:线性进给终点 F:合成进给速度
G02		顺圆插补	XY 平面内的圆弧: G17 {G02／G03} X＿　Z＿ {R＿／I＿　J＿} ZX 平面的圆弧: G18 {G02／G03} X＿　Z＿ {R＿／I＿　K＿} YZ 平面的圆弧: G19 {G02／G03} Y＿　Z＿ {R＿／J＿　K＿} X,Y,Z:圆弧终点 I,J,K:圆心相对于圆弧起点的偏移量 R:圆弧半径,当圆弧圆心角小于 180 度时 R 为正值,否则 R 为负值 F:被编程的两个轴的合成进给速度
G03	01	逆圆插补	
G02／ G03		螺旋线进给	G17 G02(G03)X＿　Y＿　R(I＿　J＿)＿　Z＿　F＿ G18 G02(G03)X＿　Z＿　R(I＿　K＿)＿　Y＿　F＿ G19 G02(G03)Y＿　Z＿　R(J＿　K＿)＿　X＿　F＿ X,Y,Z:由 G17／G18／G19 平面选定的两个坐标为螺旋线投影圆弧的终点,第三个坐标是与选定平面相垂直的轴终点,其余参数的意义同圆弧进给
G04	00	暂停	G04 [P|X] 单位秒,增量状态单位毫秒
G07	16	虚轴制定	G07 X＿　Y＿　Z＿　A＿ X,Y,Z,A:被指定轴后跟数字 0,则该轴为虚轴;后跟数字 1,则该轴为实轴
G09	00	准停校验	一个包括 G90 的程序段在继续执行下个程序段前,准确停止在本程序段的终点。用于加工尖锐的棱角
G17		XY 平面	G17 选择 XY 平面
G18	02	ZX 平面	G18 选择 ZX 平面
G19		YZ 平面	G19 选择 YZ 平面

（续表）

代码	分组	意义	格式
G20		英寸输入	
G21	96	毫米输入	
G22		脉冲当量	
G24	03	镜像开	G24 X__ Y__ Z__ A__ X,Y,Z,A：镜像位置
G25		镜像关	指令格式和参数含义同上
G28	00	回归参考点	G28 X__ Y__ Z__ A__ X,Y,Z,A：回参考点时经过的中间点
G29		由参考点回归	G29 X__ Y__ Z__ A__ X,Y,Z,A：返回的定位终点
G40	09	刀具半径补偿取消	G17(G18/G19)G40(G41/G42)G00(G01)X__ Y__ Z__ D__ X,Y,Z：G01/G02 的参数，即刀补建立或取消的终点 D：G41/G42 的参数，即刀补号码(D00～D99)代表刀补表中对应的半径补偿值
G41		左半径补偿	
G42		右半径补偿	
G43	10	刀具长度正向补偿	G17(G18/G19)G43(G44/G49)G00(G01)X__ Y__ Z__ H__ X,Y,Z：G01/G02 的参数，即刀补建立或取消的终点 H：G43/G44 的参数，即刀补号码(H00～H99)代表刀补表中对应的长度补偿值
G44		刀具长度负向补偿	
		刀具长度补偿取消	
G59	04	缩放关	G51 X__ Y__ Z__ P__ M98 P__ G50 X,Y,Z：缩放中心的坐标值 P：缩放倍数
G51		缩放开	
G52	00	局部坐标系设定	G52 X__ Y__ Z__ A__ X,Y,Z,A：局部坐标系原点在当前工件坐标系中的坐标值
G53		直接坐标系编程	机床坐标系编程
G54	12	选择工作坐标系1	GXX
G55		选择工作坐标系2	
G56		选择工作坐标系3	
G57		选择工作坐标系4	
G58		选择工作坐标系5	
G59		选择工作坐标系6	
G60	00	单方向定位	G60 X__ Y__ Z__ A__ X,Y,Z,A：单向定位终点

（续表）

代码	分组	意义	格式
G61	12	精确停止校验方式	在 G61 后的各程序段编程轴都要准确停止在程序段的终点,然后再继续执行下一程序段
G64		连续方式	在 G64 后的各程序段编程轴刚开始减速时(未达到所编程的终点)就开始执行下一程序段。但在 G00/G60/G09 程序中,以及不含运动指令的程序段中,进给速度仍减速到 0 才执行定位校验
G65	00	子程序调用	指令格式及参数意义与 G98 相同
G68	05	旋转变换	G17　G68　X＿　Y＿　P＿
G69		旋转取消	G18　G68　X＿　Z＿　P＿ G19　G68　Y＿　Z＿　P＿ M98　P＿ G69 X,Y,Z:旋转中心的坐标值 P:旋转角度
G73	06	高速深孔加工循环	G98(G99)　G73　X＿　Y＿　Z＿　R＿　Q＿　P＿　K＿　F＿　L＿
G74		反攻丝循环	G98(G99)　G74　X＿　Y＿　Z＿　R＿　P＿　F＿　L＿
G76	06	精镗循环	G98(G99)　G76　X＿　Y＿　Z＿　R＿　P＿　I＿　J＿　F＿　I＿ G80
G80		固定循环取消	G98(G99)　G81　X＿　Y＿　Z＿　R＿　F＿　L＿ G98(G99)　G82　X＿　Y＿　Z＿　R＿　P＿　F＿　L＿
G81		钻孔循环	G98(G99)　G83　X＿　Y＿　Z＿　R＿　Q＿　P＿　F＿　L＿
G82		带停顿的单孔循环	G98(G99)　G84　X＿　Y＿　Z＿　R＿　P＿　F＿　L＿ G85 指令同上,但在孔底时主轴不反转 G86 指令同 G81,但在孔底时主轴停止,然后快速退回
G83		深孔加工循环	G98(G99)　G87　X＿　Y＿　Z＿　R＿　P＿　I＿　J＿　F＿　I＿
G84		攻丝循环	G98(G99)　G88　X＿　Y＿　Z＿　R＿　P＿　F＿　L＿ G89 指令与 G86 相同,但在孔底有暂停
G85		镗孔循环	X,Y:加工起点到孔位的距离
G86		镗孔循环	R:初始点到 R 的距离 Z:R 点到孔底的距离
G87		反镗孔循环	Q:每次进给深度(G73/G83) I,J:刀具在轴反向位移增量(G76/G87)
G88		镗孔循环	P:刀具在孔底的暂停时间 F:切削进给速度
G89		镗孔循环	L:固定循环次数
G90	13	绝对值编程	GXX
G91		增量值编程	
G92	00	工件坐标系设定	G92 X＿　Y＿　Z＿　A＿ X,Y,Z,A:设定的工件坐标系原点到刀具起点的有向距离
G94	14	每分钟进给	
G95		每转进给	
G98	15	固定循环返回起始点	G98:返回初始平面
G99		固定循环返回到 R 点	G99:返回 R 点平面

2.华中数控铣床及加工中心 M 代码(附表 3-2)

附表 3-2   **M 代码**

代码	意义	格式
M00	程序停止	
M02	程序结束	
M03	主轴正转启动	
M04	主轴反转启动	
M05	主轴停止转动	
M06	换刀指令(铣)	M06 T－－
M07	切削液开启(铣)	
M08	切削液开启(车)	
M09	切削液关闭	
M30	结束程序运行且返回程序开头	
M98	子程序调用	M98 PnnnnLxx 调用程序号为 Onnnn 的程序 xx 次
M99	子程序结束	子程序格式: Onnnn … … … … … M99